海南民间工艺美术传承与创新丛书

海南民居建筑工艺

HAINAN

MINJU JIANZHU

GONGYI

许劭艺 等 编著

U0255332

湖南大学出版社
·长沙·

内 容 简 介

本书共七章，包括绪论，琼南民居，琼北民居，琼西民居，琼中南民居，海南民居建筑的营造与装饰，海南民居建筑的保护、传承与创新。本书搜集了许多与海南地区建筑及工艺相关的一手资料，读者可以从中找到具有海南特色的建筑设计符号和语言。

本书可作为高等职业院校艺术设计专业学生的教材，也可供对海南建筑及工艺感兴趣的专业人士和业余爱好者使用。

图书在版编目（CIP）数据

海南民居建筑工艺 / 许劲艺等编著. — 长沙：湖南大学出版社，2022.9
（海南民间工艺美术传承与创新丛书）

ISBN 978-7-5667-2639-1

Ⅰ.①海⋯　Ⅱ.①许⋯　Ⅲ.①民居—建筑艺术—研究—海南

Ⅳ.①TU241.5

中国版本图书馆CIP数据核字（2022）第159599号

海南民居建筑工艺
HAINAN MINJU JIANZHU GONGYI

编　　著：许劲艺　等	
责任编辑：汪斯为	
印　　装：湖南雅嘉彩色印刷有限公司	

开　　本：787 mm×1092 mm　1/16	印　张：17.25	字　数：338千字
版　　次：2022年9月第1版	印　次：2022年9月第1次印刷
书　　号：ISBN 978-7-5667-2639-1		
定　　价：68.00元		

出 版 人：李文邦
出版发行：湖南大学出版社
社　　址：湖南·长沙·岳麓山　　　　邮　编：410082
电　　话：0731-88822559（营销部）　　888649149（编辑部）　　88821006（出版部）
传　　真：0731-88822264（总编室）
网　　址：http:// www.hnupress.com

海南民间工艺美术传承与创新丛书
编 委 会

指导单位

海南省文化艺术职业教学指导委员会

主持单位

海南经贸职业技术学院

支持单位

海南省国际文化交流中心	海南省民族学会
海南省博物馆	海南省旅游商品研究基地
海南省民族博物馆	德国埃森造型艺术学院（HBK Essen）
海南省非物质文化遗产保护中心	海南劭艺设计工程机构
海南省社会科学院地方与历史文化研究所	海南金鸽广告有限公司
海南省品牌农业联盟	海南厚德会展服务有限公司
海南省工艺美术学会	海南爱大海文化体育发展有限公司
海南省民俗学会	金景（海南）科技发展有限公司

本册主要编著人员

许劭艺　许宇峥　张　筠　张　悦　邓小康　吴育强

张丹丹　林　铭　许达联　徐　斌　许黛菲　胡　晓

白　颢　王秋莹　毛江海　杨　润　谭溪鑫　徐　洁

海南有自己特色的文化

中国民间工艺美术是中华民族传统文化的视觉体现和活标本，既是传统文化的重要载体、中华文化得以传承的重要工具，也是中国造物文化的灵魂和根基。它体现出来的"道法自然""天人同构""圆融和谐"等哲学思想或造物观正是中华传统文化的精髓。随着社会生产力的发展和人民生活水平的不断提高，民间工艺美术也愈加注重精神层面的追求。在现代设计进步思想的影响下，广大艺术工作者意识到，工艺美术的设计与制作必须与时俱进，才能与迅速发展的社会整体文明相融合，才能更好地把博大精深的中华工艺文化发扬光大，才能更有效地把具有自己民族特色的传统工艺推向世界。

进入改革开放新时期，我国工艺美术事业以前所未有的速度得以恢复和发展。"十三五"时期，文化产业已成为国民经济的支柱性产业，海南文化创意产业的发展势必要充分发挥海南的生态环境优势、经济特区优势和自由贸易港优势。只有抓住"一带一路"倡议和建设国际消费中心城市等机遇，发挥海南自身优势，大胆探索创新，才能实现文化创意产业的中高端发展目标，进而带动海南民间工艺美术行业的快速发展。助力国家对外文化贸易基地和海南国际设计岛的建设，适应海南文创产业加快发展的步伐以及人民生活水平迅速提高的现状，进一步改善和优化海南生活环境、工作环境、旅游环境，提高海南人民文化品位和生活质量，便成为海南民间工艺美术传承与创新专业教育的时代使命。

基于"传承海南文化根脉，弘扬民间工匠精神；创新工艺美术价值，引领文创产业发展"的基本思路，由海南省文化艺术职业教学指导委员会指导，包含海南省相关院校在内的各文化事业单位及相关行业参与，海南经贸职业技术学院人文艺术学院牵头主持，通过对海南民间工艺美术文化价值和内涵的深度挖掘，并加以保护传承、创造性转化和创新性发展，编纂了"海南民间工艺美术传承与创新丛书"，努力构建"新时代艺术设计课程育训体系"。该项工作于 2017 年启动，计划 2023 年前完成出版。

　　这项工作源于"国家职业教育专业教学资源库之民族文化传承与创新子库"项目的建设，基于"海南有自己的民间（本土）文化，不是一块文化沙漠；海南民间文化，特别是海南民间工艺美术的传承与创新更应有教育担当"的观念。这也是我对2007 年发起的"海南，有设计师！"全省签名活动的责任回应。海南民间工艺美术的传承与创新，应该涵盖学校教育、社会教育、家庭教育，我们应在生活、生产等领域共同构建民间工艺美术保护、传承与创新的全部内容，并注重对理论和实践的研究。

　　"海南民间工艺美术传承与创新丛书"项目建设的主要任务是：保护、传承海南民间工艺美术的基因、精神、价值观、技艺和形式；留住、培养海南民间工艺美术的保护者、传承人和创新者；归纳、提炼海南民间工艺美术传承与创新的理论和方法；培育和提升人们对海南民间工艺美术的审美能力，为唤起全社会的文化自觉，提供文化创意创新的土壤与条件。我们传承的是民间工艺美术文化元素内涵的因子，引用的是现代新式的制造材料与工艺，古韵今风，融古汇今，以更好地弘扬生生不息的民族工匠精神。

　　开展海南民间工艺美术传承与创新教育教学，离不开教师、教室、教程三要素。海南有数以百计的民间工艺美术传承人、数以千计的工艺美术师以及分布全省各地的"非遗"传习馆、培训班、民间工艺美术工坊和业余学校，但至今没有一套完整系统的民间工艺美术教程类丛书。在相关不成套系的图书中，海南文化元素被简单地、机械地重复、堆砌。为此，编写一套理念新、体系特、涵盖全、水准高的"传古不泥古，创新有传承"的民间工艺美术传承与创新丛书尤显迫切。这套丛书应集知识性、科学性、系统性、实用性于一体，具有客观、规范、科学等特点，具备载道、授业、解惑等功能，使学者法理有所本、技艺有所借、方圆有所据，加之通过教师的诠释，让所教授的内容传承有序、形态创新有循，令授业者专业有所精进。同时，我们也认识到这套丛书不同于一般的读物，也非资料的汇编。因此，编写这套丛书的社会责任大，编撰任务重，问题困难多。

　　其中，编写这套丛书的困难主要在于它不像现有的学校教育那样，既有东方传统模式可传承，又有西方系统样式可参照。所以，我们只能从门类科目的选定、体例框架的设计到编写及编审人员的遴选等现实出发，不流于形式，讲究实用实效。基于实际需要，特别是为了体现教程的代表性、系统性、教育性、文化性，我们将教程的内容范围界定为全海南省的民间工艺美术，不限于海南黎族、苗族民间工艺美术，也不限于海南汉族民间工艺美术。这一领域目前在理论与实践上可参考的资料十分有限，我们需要做广泛调查研究和综合分析，在丛书性质体系、结构体例上做出创新。

在性质体系上，这套丛书共有 19 册，其中通识教程类图书 2 册（《海南民间工艺美术概况》《南溟物语——南海工艺美术》）、专业方向教程类图书 3 册（《海南民间服饰与纺染织绣》《海南民间建筑与陈设》《海南民间剪刻与图画》）、专业技术教程类图书 9 册（《海南民间服饰工艺》《海南民间织锦工艺》《海南民间印染工艺》《海南民间银饰工艺》《海南民居建筑工艺》《海南民间雕刻（椰雕）工艺》《海南民间陶瓷工艺》《海南民间编扎工艺》《海南民间乐器（灼吧）制作与演奏》）、个性化教程类图书 3 册（《海南旅游工艺品创意与制作》《海南民间工艺美术与现代设计》《海南城乡景观设计》）、拓展性教程类图书 2 册（《39 名海南民间手艺人的造物美学》《吉祥海南——海南民间工艺的美好意象》）。在结构体例上，这套丛书先叙述海南民间工艺美术的发展过程、种类特色、工艺特征等民俗文化的现象，再分析归纳其美学规律，从价值、工艺等方面阐释决定其传承取舍的元素，后探索其设计创新的方法，力求达到知识、技艺、审美、创新四部分的有机结合，从而使海南民间工艺美术的知识体系及内容得到补充、拓展、完善，增强其影响力与感召力。每册图书在行文风格上做到图文并茂、示说相依、释析共举、匠值同进，集形象、意蕴、情趣、创意于一体，以确保这套丛书的专业性、实用性和影响力。

这套丛书在我国民间工艺美术传承教育教学中，特别是在海南文化创意产业的发展史上将具有非凡意义。

第一，中国教育长期以公办官学为中心，而这套丛书主要是以社会教育与家庭教育为本，继承开放的民间工艺美术系统，不断面对新的情况，在现代设计观念与科学技术的影响下，获得现代化的持续演化空间。第二，中国民间工艺美术的教育在历史上具有口传心授的传统，有极强的隐秘性，而这套丛书致力于将相传千百年的有关知识、技艺、创意公开化，使学习者一卷在手，勤学苦练，即有可能身怀专技。第三，虽然从清代起就曾零星出现过个别民间工艺美术制作读本，但像这套丛书这样规模大、覆盖面广，集创新性、系统性、现代感于一体的，理论与实践相结合的地方性民间工艺美术教学范本，在国内少见。第四，丛书出版后，海南民间工艺美术传承将发生结构性的变化，海南民间文化遗产的保护、传承、转型、创新、开发也将迈入一个新的历史阶段。第五，人们将更好地掌握传承与创新的方法，更深入地探索传统工艺美术与现代设计融合的途径，并使之快速传播。第六，人们将找到一个有效承担阐释传统工艺美术的设计文化价值的转换途径，为正面临"价值观危机"的中国设计学科体系的建构提供积极的借鉴。

提倡传统、立足当下、关注未来，是现代设计的重要特征，也是设计教育的责任所在。我期待着：这套丛书的出版使海南民间文化濒临危机的趋势得到遏止，海南民间优秀文化遗产的教育传承变为可能，海南文化创意产业的发展获得坚实的根基。一方面，运用丛书内容中的工艺技法，使读者保持传统的造物理念和形式主题，使海南民间工艺美术得以更好地传承延续；另一方面，在传承的基础上对海南民间工艺美术的造物理念、时代审美、功能材料、工艺技术等方面进行创新与再生设计，使之与时代同步，将传统工艺美术成功地转型为当代的工艺产品，并与文化创意产业相结合，使之完成文化回归与经典重塑。

我也真诚地期待着：这套丛书的出版，让那些空前关注"岛技"与"岛艺"存亡，极力主张"海南有文化"的人士得到些许慰藉；让那些有志于以民间工艺美术为生命者更加奋进；让那些由于城市化而失去土地的农民，或由于就业危机而觅职艰难的农村青年，习得一技之长，在需要开拓乡村工艺品等的休闲旅游市场中增强生存能力，同时提升海南乡土文化创意产品品质，助力美好新海南的建设。

总之，丛书的出版将为创意设计领域找到更多具有海南特色的符号和语言，以及让海南文化走出去的方法和途径。相信在不长的时间内，将有数以万计的新手工艺者，或包括海南的农民、市民，从海南的东部、西部、南部、北部、中部一齐汇入民间工艺美术设计与制作这个行业。如此，民间文化传承与创新的队伍将势如雨后春笋，茁壮成长，成为创意设计产业中的重要力量。广大新民间工艺从业者将把海南民间工艺美术潜藏着的真的精神、凝聚着的善的意识和美的追求、传承着的求吉纳祥与消灾免难的意蕴，通过创新设计实现向和谐环境、完满伦理和美好祝愿的吉祥艺术文化价值转换。这必将推进海南文化创意产业的快速发展。为了中华民族的伟大复兴，为了让世界更加了解海南，海南应拥有自己特色的文化！

2020 年 6 月 16 日
于海口首丹·易道斋

许劭艺（赐名：党生）

　　海南省高层次拔尖人才、天津大学工学硕士、海南劭艺设计工程机构创始人，从事文化艺术、品牌管理、建筑景观等实践与教育工作近 40 年，且在理论与实践上成果丰硕。

　　现任：海南省文化艺术职业教学指导委员会主任委员、海南经贸职业技术学院人文艺术学院院长、教育部职业院校艺术设计类专业教学指导委员会环境艺术设计专门指导委员会副主任委员、全国包装职业教育教学指导委员会委员、海南省特色产业小镇与美丽乡村建设专家咨询委员会委员。

目 录
CONTENTS

第一章

绪论

第一节 ： 海南的地理、历史与文化

一、海南的地域研究

（一）地理环境

1. 位置

海南省位于中国最南端，北部与琼州海峡和广东省接壤，西部与越南隔北部湾相望，东部濒南海与台湾相望，东南和南部与菲律宾、文莱和马来西亚为邻。海南岛的地理位置介于东经108°37′~111°03′，北纬18°10′~20°10′之间。海南岛的轮廓看起来像一个椭圆形的大雪梨，长轴从东北至西南，约290千米；短轴从西北至东南，约180千米。西沙群岛的地理位置介于北纬15°46′~17°08′，东经111°11′~112°54′之间；南沙群岛的地理位置介于北纬3°35′~11°55′，东经109°30′~117°50′之间；中沙群岛的地理位置介于北纬13°57′~19°33′，东经113°02′~118°45′之间。

2. 地形

海南岛四周低，中间高，以五指山、鹦哥岭为高点，四周逐级下降，形成由山地、丘陵、台地、平原组成的环形层状地貌，呈明显的梯级结构。

海南岛的大部分山脉高度在500~800米，整体为低山丘陵地形。有80多座山峰海拔超过1000米，成为一道绵延在低山丘陵之上的长垣。海拔1500米以上的山峰有五指山、鹦哥岭、俄鬃岭、猴弥岭、雅加大岭和吊罗山等；其中，五指山山脉位于海南岛中部，主峰海拔1867.1米，是海南岛上最高的山峰。

3. 地质

在空间分布上，海南岛的地质构造形态由各种不同的方位、形迹和性质的构造组合而成，形成了以东西向构造、南北向构造、东北向构造和西北向构造为主的构造体系，控制着岛陆沉积建造、岩浆活动、成矿作用及山川地势的展布。海南岛纵深地质构造表现为地幔隆起区上的凹陷区，地幔凹陷的中心在琼中至乐东一带。地质构造、沉积建造和岩浆活动有许多不同特征的原因是岛上地壳结构和深部结构的差异。海南有三种岩石类型，即火成岩（岩浆）、水成岩（沉积岩）和变质岩。

4. 水文

由于海南岛地势四周低，中部高，大部分河流发源于中部山区，形成放射状水系。岛上入海河流有 150 多条，其中 38 条水面超过 100 平方千米。

海南岛的三条主要河流是南渡河、昌化江和万泉河，南渡河发源于白沙县南峰山，斜穿海南岛北部至海口市入海；昌化河发源于琼中县空示岭，横穿海南岛西部，至昌化港入海；万泉河上游分为北支和南支，分别发源于琼中县的五指山和风门岭，至博鳌港入海。海南岛自然形成的湖泊很少，大部分是人工水库，著名的有松涛水库、牛路岭水库、大广坝水库和南丽湖等（图 1-1）。

图 1-1　海南定安南丽湖

（二）气候特征

海南岛属热带季风海洋性气候，其基本特征是：四季不明显，夏季无酷暑，冬季无严寒，年温差小，年平均气温高；旱季和雨季明显，冬春干旱，夏秋多雨，热带气旋频繁。海南岛地处东亚季风区，受季风影响明显，光、热、水资源丰富，风、旱、冷等气候灾害频繁。

1. 日照

海南岛位于北回归线以南，全年太阳高度角大。太阳辐射能量丰富，日照充足，年总太阳辐射能量多，年日照时数长。

2. 气温

海南年平均气温较高，中部最低，南部最高，等温线向南呈弧形分布，从中部山区向周边沿海地区逐渐增大，23℃ 等温线在中部山区闭合。由于海洋的调节，海南的年温差一般较小，大部分地区的年温差为 8~10℃，三亚年温差最小，约为 7.6℃。

3. 降水

海南各地年平均降雨量为 923~2459 毫米，等雨量线呈环状分布，中、东部降雨多，西部降雨少；山区丘陵降雨多，沿海平原降雨少。万宁西侧至琼中地区为多雨地区，东方市沿海地区为少雨地区。海南岛降水季节分布不均匀，有明显的多雨季和少雨季，多雨季为每年 5 月至 10 月，总降雨量约 1500 毫米，占年降雨量的 70%~90%，雨源主要有锋面雨、热雷暴和台风雨；少雨季为 11 月至次年 4 月，仅占年降雨量的 10%~30%，少雨季常发生旱灾。

（三）人口和民族

海南省全省常住人口数已突破 1000 万。海南省有汉族、黎族、苗族、回族、藏族、彝族、壮族、满族、侗族、瑶族、白族、傣族、佤族、畲族、水族、京族、土族、蒙古族、布依族、朝鲜族、土家族、哈尼族、高山族、锡伯族、门巴族、纳西族、哈萨克族、鄂伦春族等30多个民族。其中世居于此的有汉族、黎族、苗族、回族等。几千年来，朴素而独特的民族风情使海南岛的社会生活更加丰富多彩（图1-2）。

图1-2 海南黎族

二、海南的历史

（一）秦汉时期

古代海南被称为"海外""岭外"，秦代之前被视为"南服荒檄"。六国统一后，秦始皇在岭南置桂林、南海、象三郡，此时海南为象郡之檄外，处于"南海外境"。

汉朝时汉武帝在海南岛置珠崖、儋耳二郡，这是中央政府历史上最早在海南设立的行政机构。据《汉书地理志》第二十八卷记载："自合浦、徐闻南入海，得大州，东西南北方千里，武帝元封略以为儋耳、珠崖郡。"可见，汉王朝在海南的开疆拓土是从沿海地区开始的。

（二）隋唐时期

隋朝时，中央和地方政权越来越强大，边疆得到发展加强。隋朝初年，冼夫人率领当地十多个州的黎族首领加入隋朝。又因"抚慰诸俚僚""和辑百越"有功，文帝赐给她临振县汤沐邑1500户，

并封赐其子冯仆为崖州总管。大冶六年（公元610年），隋朝在海南设置珠崖、临振、儋耳三郡，下领十县，部分深入到岛内。与前朝相比，地理范围明显扩大，首次扩展到岛的东南部；仅就行政区划而言，也表现出数量大、区划细的特点。同时，它改变了海南岛自东汉以来长期为别郡所遥领的历史。

在唐代，中央政府设立州县直接任命官员来管理海南。德宗贞元年间（公元785—805年），是海南地方建设史上的鼎盛时期，这一时期的行政区域设置已经延伸到岛的东部。

（三）宋元明清时期

北宋中央对海南岛的统治进一步强化，这一情况在《琼州府志》中有所描述。元代初期承宋制，郡县多设在沿海四周，即以今琼山、万宁、三亚、儋州为中心，后有调整，取消舍城、吉阳二县。至元末，海南行政改由广西行中书省统辖。

明代则改琼州乾宁安抚司为琼州府，统辖全岛三州十三县。若从建置区划调整角度来看，明代对海南的开发，有两点意义较大：其一，洪武二年（公元1369年）海南结束了长期与广西同属一个政区的历史，首次被划归广东，与当时较为发达的广府区域建立起了更加紧密的联系，对海南这一时期的发展影响巨大；其二，琼州升格为府，成为全岛行政中心，从而使全岛的资源能够形成统一、有效的开发格局，同时，也初步形成今日行政建置布局状况之雏形，为日后海南的发展奠定了政区规划方面的基础。

清代海南建置方面袭用明制，但在前朝基础上有较大的加强，集中表现为历朝行政区划得到了实质性的贯彻和执行，中央对当地少数民族黎族的直接统治得以加强，黎人过去长期游离于版籍和"王化"之外的状况得到根本改变。到道光年间（公元1821—1850年），绝大部分黎人区域都被划入州县统治范围，被编入建置区划内，只余少数在五指山腹地，即在今保亭、琼中、乐东三县交界处的"生黎"地区，直到新中国成立前仍为一块带有原始公社残余的所谓"合亩制"地区，被视为海南建置上的空白。

（四）民国至新中国时期

民国初年，建置仍沿用清制，但个别州、县的名称发生了变化。

1950年海南岛解放；1951年广东省人民政府海南行政公署成立，1955年更名为广东省海南行政公署；1988年4月，中共海南省委、海南省人民政府正式挂牌，标志着海南省的成立。自此海南的发展进入了一个新的历史时期。

三、海南的地域文化

（一）海南地域文化的发展历程

1957年，在海南岛文物普查中，发现了新石器时代中晚期的一系列文化遗址。根据文物调查结果，广东省博物馆认为海南岛长期以来受到广东大陆文化的影响。目前学术界普遍认为，海南新石器文化和骆越文化属于一个文化体系，是百越文化的一个分支；同时，它也属于与广东大陆和东南沿海地区的文化体系，由于海

峡的分隔，它被发现的时间比大陆晚。

六国统一后，秦始皇建立了南海、桂林、象三郡，海南岛与中国内陆建立联系；隋唐时期，海南开始成为官员的流放地，被贬官员的到来对海南的文化发展产生影响，同时，海南成为海上丝绸之路的重要中转站，促进了海南对外贸易的发展；宋元时期，海南的生产力逐步提高，贸易往来频繁，汉族人口不断增长，汉黎文化开始碰撞，形成沿海平原为汉族聚居、中部山区为黎族聚居的环状人口分布格局；明清时期，来自内陆的移民带来了先进的生产力、思想和文化。

海南的文化发展主要依靠内陆文化的输入，中原文化、岭南文化、闽南文化、吴越文化等地域文化在海南都有反映。其中，岭南文化和闽南文化是影响海南文化发展的主流。由于海南和广东有着深厚的历史渊源，曾经在行政上属于广东，因此海南文化被认为是岭南文化的一部分；同时，海南的汉族文化与黎族、苗族等少数民族文化不断相互交融、碰撞，形成了独特的海南地域文化。

（二）海南文化的特质个性

1. 多样性

移民带来了不同的文化观念，多样性是海南文化的重要特征，海南拥有不同类型的文化，如汉族文化、黎族文化、苗族文化和回族文化。同时，海南也是著名的侨乡，海外华人从外面带来了新的东西。

2. 海洋地域性

海南岛是一个四面环海的热带岛屿，其地理位置是决定海南文化发展的重要因

素——盐田、海港、灯塔和海神庙都是海洋生产活动的产物。

3. 包容性

文化多样性的背后是文化的交流、学习和包容。汉族向黎族学习纺织技术，黎族向汉族学习建筑技术，这些都是海南文化发展中包容共生的典范。汉民族内部的文化融合，汉黎、汉苗、黎苗之间的文化碰撞与交流，都是海南文化发展过程中逐步融合与包容的例证。例如，黎族同胞建造的仿汉式金字屋，整个院落借鉴了汉族传统院落式住宅建筑的平面布局设计特点，同时也保留了黎族特有的船形屋屋顶和黎族外墙上绘制的特有文化符号。

第二节 ： 海南民居建筑的发展与特点

一、海南民居建筑的发展

（一）史前时期：传统民居建筑文化的生成

史前的海南岛土著人群游走生活，没有固定栖居点，以狩猎和采摘野果为生。目前海南发现年代较早的史前遗址有三亚落笔洞、东方霸王岭、乐东仙人洞、昌江皇帝洞等。这些遗址基本是自然山洞，地处相对平缓、临水较近的山地圈边缘。大约到新石器时代中期，来自华南的古百越族，如"蛮""西瓯""骆越"等，形成了现今黎族的部分先民，他们起初在海边生活停留，由于汉人、苗人占据平原、滨海地区，于是择水而居，后沿着昌化江、万泉河溯流而上。随着树木绑扎技术的改进，黎族居住建筑逐渐具备防风、防潮、防倾覆的功能，"干阑屋"在海南岛台地区域出现。

（二）秦汉时期：汉族建筑文化初步进入

秦始皇统一岭南设南海郡时，汉人开始进入南海，舟楫通海，交流互通，开始向海南迁徙。汉武帝统治时期，设置儋耳、珠崖二郡和十六县，"环岛列郡县"的格局和海上丝绸之路"徐闻、合浦南海道"航线形成。最初迁入海南的汉人主要是官船和军船运送的官兵，他们主要集中在滨海及江河口等环境较好且易于耕种的地带。此阶段汉族人迁居海南岛，使黎族先民生产生活受到影响。随后，黎族人由原先人口较密集的北部、西北部向南部、西南部退缩，形成海南最早族群分布"汉在北，黎在南"的格局。

这一时期海南的汉族建筑多为院落式布局，屋顶建筑为坡屋顶形式，装饰较为简单。

（三）隋唐至宋元时期：黎汉建筑文化的融合与分化

隋唐是海南古代建筑发展重要的转折时期。一方面，大批被贬官员的到来给海南带来了中原地区的先进文化；另一方面，由于生产力的大幅提高、航海技术的大发展，使得海南岛与外界的联系也更为紧密。隋唐时期由于防御和耕作的需要，"汉在北，黎在南"的分布格局逐步分化，黎族开始向山地收缩，分布格局转变为"汉在外，黎在内"。黎族居住建筑依然以"干阑式"为主，与汉族建筑形态有所不同。然而黎族建筑文化受到汉文化的影响而不断汉化。一部分黎族人在接受汉文化的同时，改变民族传统的船形屋居住方式而采用汉族匠作技术建土木砖瓦结构的居所；另一部分始终坚持黎族特色，建造传统茅草船形屋，延续至今。

海南的民居建筑很好地反映了海南的移民文化，福建、广东、浙江以及中原等地的民居形式都可以在海南找到回应，这些民居形式为适应海南的自然气候，也都作出了相应的调整。

（四）明清时期：客家围屋建筑文化的形成

客家人在明朝开始迁入海南岛，而在清代客家人成为这里的移民主体，这时候出现了客家围屋。到了清代，海南岛传统

民居建筑单体一般为庭院式布局，有三开间，庭院式布局注重空间私密性，围屋的两侧或单侧为厢房，也称横屋，主要作为辅助用房。

明清两朝，海南迎来了更大规模的开发建设，海南传统建筑的发展逐步进入了成熟时期。这个时期海南的官式建筑和宗教建筑得到了很好的发展。官署、学宫、佛殿等的建设均有着统一的规制，而民居建筑在营造上则更多地体现出海南地域特色。

（五）近代时期：南洋骑楼建筑文化的形成

在近代，海南与东南亚地区之间文化交流的进一步发展，给海南带来了东南亚建造技术和建筑文化，这时期出现了具有东南亚风格的南洋骑楼。南洋骑楼蕴含有中国建筑艺术文化、南洋文化、儒教文化、佛教文化、海洋文化等诸多文化内涵；装饰注重几何图形、植物图形组合变化，细部装饰和外部形态统一，建筑空间被植入了宗教元素和地域要素。

二、海南民居建筑的特色

海南自唐宋起才开始有规模地进行开发建设。从人口构成来看，海南人口多移民自中原地区，移民而来的人口自然带来了祖居地的建筑形式，建筑的营造也受到中原地区的影响，尤以广东、福建两地为重。在漫长的历史演化中，古代中原建筑传统结合海南地区的实际，逐步形成一些特点。

（一）建筑布局顺应海南自然气候特征

中国古代建筑的布局遵循一定的规律，建筑规格和布局符合儒家"礼"的要求，建筑形制讲求要体现地位、宗法，海南很多建筑的布局也遵循这些原则。一般来说，城市以政府部门为核心，村庄以祠堂为核心，民居府第注重庭园的围合和使用，海南的汉族建筑布局大体遵循中原地区的布局做法。同时，为了适应海南的自然气候环境，也呈现出如下特点。

1. 在建筑造型上，随形就势

早期迁入海南的汉族人大多是官员，官员住所的特点是规则、对称和封闭。宋元以后，经商人口的增多需要更宽敞的地方来堆放货物和建立手工作坊，院落建筑因此越来越流行。纵向多进合院式的建筑布局在海南古建筑中应用较多，这种建筑布局善于利用院落、厅堂、巷道以及坡顶屋面构成通风和防风系统。在建筑定位的选择上，海南的古建筑并没有明确遵循南北走向，而是多因地制宜、随形就势，面朝西北和东北的建筑为数不少，对建筑的北向也并不十分避讳。

2. 在建筑组织上，因地制宜

院落建筑的基本型在海南各地略有不同。建筑内的开放空间以院落为主，几个院落组织成建筑群落，建筑群落布局规则，轴向性强，形成纵向的多层次布局，以适应海南夏季西南季风和冬季东北季风。与粤闽沿海地区的梳状布局相比，海南梳状布局的主体建筑之面比粤闽民居显得窄，开间数量也较少（以三开间的多进式，或者双侧护厝为

主），布局上更加强调纵向上的轴向性。由于海南多台风、雨水，所以海南岛传统聚落中也注意对防风林和水塘的设置，民间称其为"风水林"及""风水塘"。

黎族地区的建筑以船形屋为主，船形屋有干栏式及落地式两种，干栏式的船形屋又有高脚干栏和低脚干栏之分。干栏式船形屋下部开放以利于通风，上部较少开窗以减少外部环境辐射。落地式船形屋借鉴了汉族民居中穿斗式或抬梁式的梁架做法，后期又发展出金字屋。黎族的船形屋，空间布局上随形就势，材料选择上就地选材，也很好地适应了海南当地的自然气候环境。

（二）建筑营建体现海南本土特色

海南古代建筑建造的工艺手法主要来自广东、福建地区，但是也发展出了许多海南当地的特色。

1. 在建筑选材上，五材并举

海南建筑在实际建造中体现出了"因地制宜、五材并举"的特点。内陆地区的汉族民居建筑多为砖木建筑，较少使用石材作为建筑的主体材料，一方面有建筑技术的原因，另一方面也有文化观念的原因，"在汉文化中，石属于死，木属于生，因此陵寝坟墓都用石，宫殿民居皆用木"。而海南琼北地区因盛产火山岩，故民居营建中大量使用了火山岩。

2. 在建筑装饰上，着眼本土

海南地区较岭南地区、闽南地区的建筑装饰性弱，如海南民居简化了正脊的形式，山墙面的装饰也较为简单。岭南地区常见的"三雕三塑"在海南建筑上也有体

现，但是做法上较为简单，具体在装饰物的选型上，体现出了海南的地方特色。如脊饰中普遍使用海浪纹、螭吻兽；在民居木雕上常用如杨桃、荔枝、龙眼等一些本地动植物的造型。定安张岳崧故居中梁上所雕龙虾就颇具有海南特色（图1-3）。

图1-3　张岳崧故居梁上龙虾木雕

3. 在建筑营造上，顺风散热

海南湿热、多雨，常有热带风暴和台风。为了室内通风，建筑形成了如下特点：一是面宽大，进深浅，海南常年多风，进深浅的建筑有利于通风，散热快；二是开口大，海南建筑为了室内纳凉，公共部分的入口开得很大，明间大厅的正门往往有四六门，有些甚至将整个开间全敞开，特别是书院、祠堂、寺庙等公共建筑常常是前廊全敞口，如乐东吉大文民居、海口宣德第等建筑的明间都是整个开间全

开门，又如儋州东坡书院的载酒堂、海口的西天庙等建筑的殿堂都是前廊全敞口；三是通透，海南古建常用木槅门、趟栊门、透雕隔断、镂空窗，前廊檐墙顶用镂空花板装饰等处理手法，以确保室内通透，能通风散热。为了隔热，海南古建在屋面处理上也形成了地方特色，常用双坡排水，双层板筒瓦石灰砂浆裹垄屋面。这种处理手法，既可使屋面达到隔热的效果，又能有效地阻止台风袭击所引起的雨水倒灌（图1-4）。

图1-4　苏公祠双层板筒瓦屋面

4. 在建筑开间上，法式独特

海南汉族民居大致有单开间式、双开间式和三开间式。三开间民居在农村中比较普遍。建筑平面的开间尺度以一瓦坑为参照，海南当地称一瓦坑为一"路"，每瓦坑约25厘米，另有种较大的可达27厘米。明间一般取十三至十七"路"，次间一般为十一至十五"路"，个别地区也有以半"路"为计数的。建筑的进深以桁数的架数来控制，常用的架数有七架、九架、十一架等，桁架间距一般在60~80厘米，总进深约6~8米。建筑的高度则以坡顶处的脊梁高度来控制，高度的取法一般

有一丈一尺一寸、一丈二尺一寸、一丈三尺一寸。

（三）建筑文化反映多元、务实、吉祥

海洋文化和移民文化是影响海南文化发展的重要组成部分，单从建筑文化的发展而言，其整体上也受到移民文化和海洋文化的影响，反映在多元、务实、吉祥三个方面。海南的建筑发展是随着移民的到来而展开的，从山区的少数民族聚落到沿海平原移民的城池，从船形屋到砖石木作，海南建筑发展在很大的程度上体现出了多元、务实、吉祥的特征。

1. 在建筑思想上，多元融合

明万历年间，以福建闽南人为主体的移民开始来到海南岛，福建移民的到来也带来了福建的建筑风格。海南岛的北部及东部的传统汉族民居喜用红砖，常见三开间的一厅两房或一厅四房，常见纵向多进式和横向护厝式，这些建筑形式可以在福建闽南、闽中的民居形式中找到源头。福建民居中门章的做法，在海南汉族民居中就颇为常见。

广东民居的典型平面布局有"三间两廊""四点金""三座落"等，在海南汉族民居中也常常可以见与之相似的布局手法。除此之外，北方、江浙、广西等地区的民居建筑形式，也可以在海南找到，这与海南的移民历史有着密切的联系。海南也是著名的侨乡，海南人很早就有外出闯荡的传统，从东南亚返乡建房的侨民们，也带来了东南亚风格的建筑，如琼海留客村陈宅，虽然立面风格带有东南亚特征，

但是平面布局处理上则类似浙江一带的"十三间头"。

2. 在建筑形式上，务实守礼

讲究务实是海南建筑文化中一个非常重要的特点。海南地处热带，对建筑的布局、朝向、造型、体量和用材的设计要求以防太阳辐射、防台风及排热降温为主，海南的古代建筑为应对这些问题做了很多的适应性设计。这种建筑的务实性在岭南建筑中也得到了较多体现，符合海南作为岭南文化区一个独立地理单元的普遍认识。

另外，海南岛自从汉代被纳入中央朝廷的直接管辖范围后，各朝一直在不断加强对海南岛的统治，都按照当时朝廷规定的制度来规范这里建筑体量、规格、等级、形制等。如代表礼制建筑的孔庙和尊孔与教育合一的书院，布局大都是以纵轴线为中心，左右对称；而官宅民居都明显体现出封建社会的宗法制度。

3. 在建筑表现上，求吉纳祥

古代的海南人非常注重用塑、嵌、刻、雕、画、描等工艺，将福、禄、寿、喜、吉、安的愿景表现在建筑的里里外外，并做到与建筑的用途、构件的所在部位和谐统一。

三、海南民居建筑的形制与分布

（一）海南民居建筑的基本形制

海南的古代民居建筑也和全国其他地区的一样，绝大多数都是由木架结构建造而成，一户人家一般都有一个独立的院落，院落内都有门、前堂、后室、厢房、厨房及四周围墙，按纵深为轴线、前低后

高、左右对称的原则布局。在这样一个封闭的空间内，体现了封建社会的等级尊卑、宗法制度、伦理道德。

古代海南人认为，建房时选择哪个位置、朝什么方向，甚至在什么时候破土动工，不仅关系着自家人的身心安康、幸福、财运，也关系到将来家庭的人丁是否兴旺、后代的官运是否亨通。所以，对院落的位置选择一向极其慎重。而那些位置较好的地方则是地势较高、顺风、有水的地方，这就是古人所谓的"吉方则要山高水来"。

海南古代民居的朝向也不像中原地区那样几乎是清一色的坐北朝南，而是朝向哪个方向的都有，看似杂乱无章，实际是因为海南岛四面环海、阳光充足，所以完全没有必要像中原北方那样坐北朝南。但海南民居还是以坐北朝南或坐西北朝东南为主导方向。

位置选好以后，何时破土动工、何时搭架上梁、何时竣工住人，也是很有讲究的。海南人一般都要选择黄道吉日来上梁。届时，还会举行庆祝活动，现在保存下来的清代住家的脊檩下常常留下墨书"某年某月某吉旦"，便是很好的证明。

1. 头门

头门是整个院落中界定内外的标志。古代的海南人都竭尽经济实力将宅舍建得豪华气派，毫不掩饰自己张扬的个性，以此向外人展示自家的身份、地位、财富及房主的文化品位，所以头门常常被称作"门脸""门面"。门前有的还留踏道，大都用石板垒成，一般为三级，有"步步高升"或"连升三级"之意。一般的头门

为面阔一间、进深五檩的乌头门，木门对扇，两边有木门框，下有门槛和门枕（俗称门墩石），一般是不能随便踏上去的。

门内四椽栿下设花格子木棂，既美观又通风透光。上门框上有连楹和门簪，通常设有固定的镇宅木，有的是石质的，木多呈方形，上面刻篆字，一边是"福"字，一边是"寿"字，也有刻双"喜"字的，取"双喜临门"之意。有的门扇上至今还见阴刻的门联，读来饶有风趣，如海口府城镇打铁巷18号门楼的门扇上，阴刻楷书，南联"凤纪日长征月令"，北联"麟书春焕仰奎光"，很有古味。

门楼式的大门，通常是硬山墙。山墙的前面、屋檐之下，做成出挑的墙面，这部分称为墀头，一般做成方框的形式，四边砖雕花边，框内有浮雕"喜""福"或"寿"字。有的还在屋檐与门额之间镶嵌长方形石匾，石匾上刻主人的封官或封号，如海口市旧州镇包道村的侯家大院的小门楼上就有石匾"宣德第"三字，相传为两广总督张之洞所题。

门上的屋顶通常都是用的灰布筒板瓦，中间起脊，正脊的左右两端有外翘的戗角，据说这是一种海中大鱼——鳌鱼的头部，设置在门上，有可以防范火灾、保佑家中人长寿的寓意。但海南清代的小门楼上更喜欢用缠枝形的鸱吻，那些秆粗叶大的花枝，被鱼尾托着，更显得门楼轻巧玲珑。

等级制度往往从大门上就能看得出来。在明清时期，只有皇帝和王公贵族的宫殿大门才能使用九排九列的金色门钉，

其他的官员则依级别递减，而等级低的官员（六品以下）及平民的住宅是不允许使用门钉的，而且也不能使用多开间的大门。但似乎在清末至民国时期，海南一些富商大户的深宅大院已冲破了这种限制，使用了三开间的大门，呈现出威严、尊贵的气势。而那些低矮的小门楼，人们一般不让它占一间的宽度，要么是三间的宽度，要么是半间的宽度。这是古代人的一种吉凶信仰。《鲁班营造法式·造屋间数吉凶例》记载："一间凶，二间自如，三间吉，四间凶，五间吉，六间凶，七间吉，八间凶，九间吉。"所以，原该建成一间宽的门楼，则造成了半间宽，两间也不常用，而面阔三间的大门则常被人们选择使用。如海口市振东街55号的符氏家宅，距今已有一百二十多年的历史，门面不仅阔达三间，门前还有一座平顶正方形的厅堂，前有四根石柱，其中前两根断面为方形，后面的石柱呈圆形，柱表面雕刻着象征吉祥如意的飘带栀花、莲朵等纹饰。门框为巨型石条，框外边浮雕同心结，下垂缨带。

大门三间一般以中间的一间作为通道，左右两间皆有硬墙相隔，并且也都开门，作为看门人看门及居住之所，也作为来客等待通报的地方。

凡大门为三间的，一般后面都有廊，廊下明间的左右两侧各有石柱支撑屋顶，石柱下有石柱础。明代的石柱础多为低矮素面，呈覆盆形，座呈方形。到了清代石柱础花样翻新，纹饰多样，有"工"字形、仰伏莲形、方形等，座上的花纹以仙人纹居多。

有的建筑头门面朝大街，前面又没有影壁，所以便在门内的四椽袱下设置一道隔扇，左右两边为通道，中间的门是固定的，门框上的连楹有的做成蝙蝠形，因蝠与"福"同音，寓意"五福临门"。门额上再安装花格子，有喜字形、六角形、锦字形，既能通风透光，又起到美化装饰的作用。

头门三间的左右次间还有竖长方形窗，多为轻快、精巧、简洁的直棂格，窗边框以外塑成海棠池形，黄色衬底上绘山水画或草叶纹。一些比较讲究的格棂上通常会雕刻寓意吉祥的动植物花卉图案。如海口琼州府城吴氏故居的大门窗格上不仅雕刻着鹦鹉、喜鹊、麻雀等各种鸟类，另有大枣、花生、芭蕉、西瓜、桂圆、佛手、南瓜、葡萄等瓜果，还有牡丹、菊花、兰花等花卉。生动逼真的瓜果，不仅给人以垂涎欲滴、唾手可得的快感，而且，每一种瓜果都有其深刻的寓意：南瓜、葡萄籽多，寓意"多子多孙"；芭蕉叶大，象征"子承大业"；佛手、桂圆组合在一起便有"大富大贵"之意。

在墙楣上彩绘图案是海南在清末至民国时期的流行工艺。一般从山墙开始至明间分格，每一格内容不同，象征不同，但由于大都没有标明主题，需要仔细揣摩，方能理解古人深藏的文化意涵，如喜鹊闹梅、独占花魁、喜上枝头、渔樵耕读等。

在每幅画之间，又夹一条长形格，格内多题写诗词。如位于海口市老城义兴街127号的何家宅，距今已有一百余年的历史，其大门次间的后墙楣上就墨书唐代杜牧的一首诗："清明时节雨纷纷，路上行人欲断魂。借问酒家何处有，牧童遥指杏花村。"诗末尾写"偶题"二字。而府城镇的吴氏民居的墙楣上彩绘有三重檐亭子，另有城门、湖泊、渔船等，还有草书诗一首，末尾有"吴道"印戳。

大门后墙的两侧廊下一般还有廊心墙、拱形券门，以便通向两边的厢房。拱券额上常常塑"卷册"，实际就是书本翻开的形象，书页上有的还题字，吴氏故居拱券额上就有篆字"吉祥如意"，将"卷册"塑于廊心墙上，有"书香门第"之意。

在品味海南古代民居的头门时，还可以看到一种非常有趣而不易察觉的现象，即大门都不位于院墙的正中，也不设在正对厅堂的地方，而是都偏向前墙的一侧或一角。这可能有两方面的原因：一是古代皇宫大门都是坐北朝南，大门位于中轴线上的部位，而其他的民宅是不允许那样的，这是一种禁忌；二是如若大门位于前墙的正中，虽然能通风透光，但大门一开，外边的视线就可以毫无阻碍地观察到院内的一切，破坏了居家的私密性。

2. 照壁

照壁，俗称影壁墙，是建在大门内或门外的一座矮墙，主要起遮挡外面视线的作用。照壁由砖石垒砌，外涂月白色。迄今为止，笔者尚未在海南发现将照壁设在大门以内的民居建筑。大陆北方建在大门以内的照壁因连接倒座房山墙，故称"跨山影壁"。海南由于夏天炎热，所有的前堂明间都是前后相通的，若在院内建一座照壁就会阻挡通风，也会减少院内的使用面积，所以古代的海南居户并不常在院内设置照壁。

海南最常见的照壁是在院门的前墙正中、正对厅堂的对面墙上另起一座马头墙，马头墙的顶平，下面与前墙平齐。有的照壁是在左右两侧垒砌成方形墙垛，以成为照壁的标志。

海南这种类型的照壁注重院内一面的装饰，通常正中刻写一个斗大的"福"字，两边塑或刻写一副对联，顶额上彩绘串枝宝相花或莲枝、梅花、松柏等图案，以增添和谐、轻松、愉快的氛围。

海南还有一种马头式照壁，多立在院墙以外的正对大门处。有的属于自家的宅地范围，留出一定的面积；有的就建在路的一侧，这就势必挤占了胡同中公共通道的面积，一般富商官员的宅第才有这种情况。如明嘉靖年间的进士、任翰林院编修的王弘海的故居（今定安县雷鸣镇龙梅村）前约五米，就立有一座照壁。而海口市海甸岛达港村135号的照壁与王弘海故居的形制相似，该照壁朝街的一面上镶嵌一八卦形石刻，朝大门的正中是巨大的漆红"福"字，两边的对联西为"吉星高照辉金屋"，东为"旭日祥光映玉堂"。

海口市海甸岛达港村141-1号的照壁朝向巷口的一面正中塑一巨大的"寿"字，上又有行小字："恭录乾隆御笔生一百年寿匾"，左联"至乐无声唯孝第"，右联"太美有味在诗书"，末尾署"琼山张岳崧"，并有两个印戳。张岳崧是清末民初海南著名文人，字也写得漂亮。能够请到张岳崧题字已属不易，何况他抄录的还是清朝乾隆皇帝的御笔题匾，这彰显着屋主的尊贵身份。

3. 堂

堂，是一组建筑群的主体，也称正厅、正房或厅堂，是接待客人和宴请宾朋的场所。所以，古代的人对此特别重视，都会尽其所能将它建得富丽堂皇。故由"堂"引申出的许多成语大都与此相关，如堂堂正正、大雅之堂等。

有的官宅富户还建有多个堂，分别称前堂、中堂、后堂。一般的堂面阔三间，进深有十一、十三，甚至十五檩的。海南堂的形制与中原地区的不同，中原地区的大堂由于是坐北朝南，院内的堂就坐南朝北，迎头门的一面为山墙，与主要建筑的朝向正好相反，且在北面明间开门。而海南古代的堂则主要考虑通风的需要，堂的明间都是前后相通的，即前后两边都设有门，且前后有廊，一般的前廊较宽，廊下二檩，后廊较窄，廊下一檩。

厅堂一般面阔三间，而不是二或四间。我国汉代以前也曾有过面阔两间或四间的住宅，汉代以后，人们的观念发生了变化，厅堂面阔开始固定在了三、五间之类的单数。但又因为官府和礼制建筑如文庙、祠堂的正堂多为五间，大殿多为五或七间，所以，住宅的堂便基本固定在了三间。一些富商大户要显示自己的富有，就只有通过建多座堂来显示。三间的堂屋也正符合中国古代传统的中轴线布局，明间就坐落在中轴线的中心，左右两边对称、均衡，也是古代的人在建筑学上讲究对

称、中庸、和谐、不偏不倚、统一完美的一种表现。

堂的梁架结构有抬梁式的，有穿斗式的。抬梁式的构架用材厚重，给人以庄重、豪华之感；穿斗式的梁架用材节省，具有轻巧、自由、活泼之感。明间的脊檩多为重脊，檩下有瓜柱，矮的叫柁墩。明间前后都有枋板，明间的左右两侧一般都有隔板或隔墙。隔板下用石板，可以阻挡地下的湿气上升。

梁的使用往往反映着房屋主人的身份。唐代时就规定只有天子的宫殿施重拱、藻井，王公、三品以上的大臣的官第用九架梁，五品以上用七架梁，六品以下用五架梁。不过，明清时期多有住宅超过此种限制，海南岛地处偏远，所以，许多富商官宅都使用了七、九架梁。

4. 后寝

后寝也称后室，是古代民居中的主要建筑，一般也是全院的最高处。因为这里不仅是祭祀祖宗神灵的场所，也是全家长辈或主人居住的地方，平常全家的重要议事、祭祀活动都要在这里举行。

后寝明间较大，次间较小，后寝之后又有建筑的则明间前后相通。后寝与堂的区别在于后寝明间的六袱椽下都设有祭祖的神龛。左右两次间是家主或长辈的住所，古代的宗法制度在这里得到充分的体现。按海南的古代规矩，以左为上，如果是坐北朝南的后寝，长辈都住在东边的次间，如果是坐东朝西的后寝，长辈则住在南边的次间。如果家族的人口较多，受面积的限制无法扩展，那么，人们就会在两

次间的脊檩下加隔一道木隔断，将次间纵向一分为二地分隔开来，也要按男尊女卑、先长辈后晚辈的规则居住。

细心的人还可在瓦垄上发现一条不成文的规律，即如果大门用檩是九檩的话，前堂就会用十一檩，而后寝则是用十三檩；头门若是用十一檩，前堂就用十三檩，后寝就用十五檩。从前及后，呈单数递增，这就是古代人的前低后高、前窄后宽的理念。屋顶的瓦垄数也是明间的为偶数，为阴；次间的为奇数，为阳。但海甸岛的陈训屋却是例外，他的前堂、中堂都是面阔三间，进深十五檩，明间的皆为十八垄瓦，次间的十五垄瓦；而后寝虽也为面阔三间，却进深十三檩，明间十八垄瓦，次间的仍为十二垄瓦，究其原因可能是前堂和中堂建于清乾隆初年，而后寝是在嘉庆十三年（公元 1808 年）增建的。

5. 厢房

厢房是整个院落中的次要建筑，供家中晚辈或佣人居住，一般位于堂和后寝间的左右两侧，称东西或南北厢房。一般面阔两间，进深九檩，也有面阔三间，进深十一或十三檩的。

可能因为通风透光的需要，似乎古代的海南人并不喜欢盖厢房，而屋主要显示自己的富足高贵，常常是通过增加主房和建造多进院来完成的。

6. 厨房与杂用室

海南传统民居建筑中的厨房与杂用室一般分为两种情况：一种是在后寝的后面盖一排普通简易的房子，另一种是在前堂和后寝的一侧隔窄小的过道盖一排房子。

凡作为厨房用的房子，前墙处常垒窗台，里边置灶具，杂用室内有置石磨和佣人居住的空间。

在有的民居，在后寝后边院内的墙角处，另就墙搭建面积约半间的房子，里面放置一长约 1.8 米的石刻浴缸，这是人们沐浴洗澡的地方。大户人家的院内还有一口水井，而普通的人家只能到巷口使用公用井。

需要提及的是，在琼州府城内宅院前堂和后寝的左右两侧，往往会各有一狭窄的通道，有的通道两侧有墙，通向路口处还有一窄小的门楼，有的是厢房下的廊心墙自然形成的过道，这也是古代宗法制度的一种反映。因为，封建社会时期，妇女和未成年人是不允许从前堂和后寝的明间通过的，他们只能从两边的狭窄通道出入，否则就是对长辈和祖先的不敬。

一组房屋建筑的周围还要用砖石垒砌院墙，一家一户形成一个封闭的空间，大概每一进院为横长方形，这样最符合人们的审美情趣。院与院之间往往又有旁边的小门或廊心墙门相通，形成外封内敞的空间。可能因为琼州府城内地皮珍贵，为了不致造成各家相互侵占，每家每户大都在前墙的两角正面垒上一块比较规整的石条，上刻上自家墙的范围。如朱桔里路 26 号叶家的前墙上就刻着"前到后壹连叶家身己墙"，而南边相邻的陈家宅墙也刻着"自前至后陈家身己墙"。

（二）海南民居建筑的分布状况

1. 琼北传统民居

琼北传统民居是海南北部地区传统民

居类型的总称，主要包括：火山石民居、多进合院民居、南洋风格民居、南洋风格骑楼等。

（1）火山石民居

海南火山石传统民居是指海南火山口（海口石山火山群世界地质公园）周边地区的民居，主要分布在定安县、澄迈县北部、海口西南部羊山地区等。琼北多火山，火山喷发后形成的火山石，多气泡，坚固性好，耐腐蚀性强，是居民建房砌墙的上好材料。火山石具有吸热、防噪和散热的良好物理特性。海南夏季炎热，日照时间长，火山石是改善居住条件的理想材料（图1-5）。

图1-5　火山石民居

（2）多进合院民居

海南多进合院由正屋、横屋、路门、院墙等几个基本要素组成，典型的整体布局是围合的院落，为家庭族群活动提供空间，建筑有高低和前后，依轴线对称。海南多进合院主要分布在海口、文昌、琼海、定安、澄迈等地境内，无论是在空间布局、整体平面、结构类型、装饰文化、营建工艺等建筑要素上，还是在建筑形式

的创造上都展现出精湛的水平和高超的技艺，对研究海南琼北传统民居有极高的历史价值。海口市包道村的侯家大院是多进合院民居的典型代表。

（3）南洋风格民居

海外华侨回海南建造中西建筑形式相结合的南洋风格民居，这类建筑时代感强，运用了拱券技术并重视阳台栏板装饰的变化。

除了西方拱券技术的使用外，海南当地的地域传统文化和中原建筑汉文化的融合在这类建筑中得以充分体现，如传统建筑栏板上的精致木雕、小品雕塑、檐部女儿墙栏板镂空文化元素等展现了民众祈求风调雨顺、吉星高照、子女升学顺利等的心愿。这类建筑较为典型的有琼北符家大院（松树大屋）。

（4）南洋风格骑楼

南洋风格的骑楼主要是指临街一层为满足商业要求而做带柱走廊，并兼作居所的一种商住两用建筑。骑楼最大的亮点是有一层带柱走廊，二层及以上部分挑出，立面上建筑骑跨人行道，临街的连续公共步行空间不仅丰富了街景，也能吸引人流。

海南骑楼建筑见证了海南商业的繁荣，主要分布在琼北地区的海口、文昌和琼海。保存较为完好的有海口骑楼老街区和文昌铺前镇胜利街，布局集中，风貌独特（图1-6）。

2. 琼南传统民居

琼南传统民居主要有位于海南南部的疍家渔排和崖州合院两种。

图1-6 海口南洋风格骑楼

图1-7 疍家渔排

（1）疍家渔排

海南疍家世代以舟楫为家，视水如陆，浮生江海，后上岸临海建造了渔排。疍家渔排兼顾了渔船和疍家棚的优点，是疍家人择水而居、与海共生的典型民居形式。渔排除满足居住外，还兼顾养殖功能。海南疍家渔排主要分布在三亚、陵水等港湾海汊内，陵水新村港内的疍家渔排为这类建筑的典型代表（图1-7）。

（2）崖州合院

崖州合院是琼南沿海地区汉族为适应海洋气候，采用接檐式工艺改善屋顶排水形成的较为经典的传统民居形式。其建筑形式受到闽南和广东传统民居影响，窗户开启方式变化多，以黏土砖砌清水砖墙，有采光、通风、透气意识，立面为三段式，中间为合院主入口，呈传统轴对称布局。屋脊上的装饰运用花、鸟、鱼来表达家主对美好生活的向往。这类建筑主要分布在三亚至乐东区域，现存较为完整的有乐东黄流镇的陈运彬祖宅和九所孟儒定旧宅。

3. 琼西传统民居

琼西传统民居主要有儋州客家围屋和军屯民居两种类型。

（1）儋州客家围屋

儋州客家围屋是海南客家人典型的传统民居形式（图1-8）。海南客家人由中原迁徙而来，定居在海南儋州地区后逐渐形成一种特有的蕴含家族观念的建筑形式。海南儋州客家围屋有别于海南其他类型的传统民居，为家族群居，而非单门独户。围屋墙体加厚，砌筑高度较高，具有很好的防御功能。儋州客家围屋主要分布在儋州南丰镇，其中海雅林氏围屋较为典型。

图1-8 客家围屋

（2）军屯民居

军屯民居是官兵就近屯垦、生产生活形成的民居类型，采用围合布局的建筑形式，有较强防御功能。军屯民居大门朝向中原，体现了军民忠君思想和根祖文化，象征根系大陆，御外凝内。儋州地区为海南军屯民居的主要分布区域。

4.琼中南传统民居

（1）船形屋

船形屋是黎族传统民居形式。黎族社会的生产方式原始，刀耕火种，原始公社民族合亩制发展较为缓慢，建筑居住需求低下，建筑材料基本以竹木、茅草、树皮为主。

船形屋被称为"布隆亭竿"或者"布隆簟峦"，意为"竹架棚房子"。宋代范成大《桂海虞衡志》有记载，"结茅为屋，状如船覆盆，上为阇以居人，下畜牛畜"。黎族船形屋常被称为黎族最古老的民居形式，房屋的渔船外形体现了黎族尊崇自然的思想，也起到减轻风速和阻力的作用，是最具海南特征的传统建筑符号。黎族船形屋的体量不大，平面由居室、前廊和晒台组成，长度约为6米，进深约为4米，高度一般为2.3~3.2米。黎族船形屋因防风防雨的需要，只在山墙开窗，檐墙一般不开窗。最为典型的有东方的白查村和俄查村船形屋。

（2）金字屋

金字屋是黎族人受到汉族文化和汉族建筑的启示建造的传统民居，这也是汉黎文化交融的产物。海南黎族金字屋在木作技术及建筑构造上，利用坡向排水，减轻了风的阻力，坚固实用，主要分布于海南中西部山区黎汉聚居地，如白沙、琼中、保亭、五指山、乐东以及

陵水等地。典型代表有昌江王下乡洪水村的金字屋和五指山初保村的金字屋。

（3）吊脚楼

海南苗族传统民居为吊脚楼。苗族传统建筑在吸收汉化建筑特点的同时，保留苗族地域传统文化。苗族聚落建筑的选址顺应地势，选在向阳面的山坡或山脊上，讲求光照充足，并对地形加以改造利用，趋利向吉，增加建筑的采光、通风，利用底层架空空间圈养动物，除满足防潮需求外，还充分利用底层空间。建筑采用木柱作承重结构，基础以石作为主，防潮防腐。石材、竹木、茅草为主要建筑材料。随着绑扎技术的演变，开始出现穿斗式承重结构及木作构造做法。

海南苗族吊脚楼与黎族民居有所不同，在建筑结构上，海南苗族吊脚楼采用的构造方式为传统的穿斗式，建筑的承重结构与围护结构主要采用木料，建筑的基础、柱础则采用石材，建筑的屋面为小青瓦，附属用房覆盖茅草屋顶，在立面上形成了与黎族建筑不一样的艺术效果（图1-9）。

图1-9　吊脚楼

第三节 ｜ 海南民居建筑的形态特征

（一）海南民居建筑形态的"多源融汇"

海南岛人员构成复杂，人群流动性大。来自不同地域的人群在不同的时间逐渐聚集到海南岛，并在相当长的时间内在岛内持续流动。海南岛各民族及不同民系在开始进入海南岛时是具有不同的文化背景和思想观的，然而，当这些因素处在一个相对密闭的空间中，并组成同一个经济、社会圈层时，不同人群便会彼此逐渐认识，进而相互影响。

如黎汉虽是不同民族，处在不同的聚居区域，拥有不同的民族文化，具有不同的聚落基本构型单元，但就聚落空间形态结构所表达的营造思想及审美观的基本内容来看却是相同的，即顺应自然、因地制宜、承祖守礼、追求幸福的聚居思想和以原生、原真、和合、正统、逸静、致用为美的审美观。

（二）海南民居建筑形态的"和而不同"

琼北地区是海南岛上汉族人最为集中、文化传统最为深厚的地域。传统聚落选址注重选择自然环境优美的地段，空间布局尽量做到"面水背山"。因此，常见

的布局为地势前低后高，村前有人工水塘，村后有茂密树林。村落入口分布村庙或祠堂、戏台、古榕、土地庙、广场等。村落建筑群面水沿坡呈梳式布局，每列宅院正屋厅堂前后对正。村落空间形态结构清晰、规整、紧凑。

琼东南地区少数民族多，汉族传统聚落规模相对较小。聚落选址注重适应自然环境气候。村庙或祠堂等并不是村落必备要素。家族聚居观念逐渐淡化，聚落基本居住单元结构变小，聚落内部空间形态相对自由松散。

自然地理气候环境的差异决定了传统聚落与建筑的形态个性的差异。琼北火山地区的火山村落不仅火山材质独特，其自然石块垒叠的建筑建构方式和缺少横屋的村落建构方式也体现了石质材料粗犷、简洁、质朴的特点。琼北及琼东地区砖瓦房砖材砌筑精美，裸露的墙体清晰地表达了砖材清雅、逸静的美感。琼西南气候炎热，因此砖材表面涂白，檐廊加宽，这种做法彰显了务实、致用的特点。

（三）海南民居建筑形态的"直白质朴"

海南岛常年高温、雨量充沛、频发台风等气候灾害。此外，民间粗糙、古拙的建筑建构技艺决定了海南岛传统聚落不可能将重点放于建筑的审美装饰上。海南传统民居在聚落选址、建筑形态、空间布局、建筑营建技艺及构造等方面根据自然环境对建筑进行调适。这种调适表现在：利用密林环绕聚落以防风；村前建水塘以排水、通风、降温；就地取材，以茅草、火山石建屋；等等。虽然海南岛传统聚落与建筑的形态结构整体表现为原始、简陋、粗糙，但正是这种"质朴"的表达方式诠释了海南岛传统聚落建筑形态结构的"原真性"。

海南岛四周环海，地理屏障决定了其具有封闭性、保守性、滞后性。在内陆地区快速发展、演变迅速，大量原始信息消失的情况下，海南岛则更多地保存了相对原真的历史信息。如黎族传统聚落建筑，以茅草、藤条、黏土等"真实的自然"创造建筑，有着自然、原真、和合、逸静的美感。

思考与实训

1. 从地理环境和历史两个方面浅析你家乡民居建筑的特点。

2. 简要说明海南民居建筑的历史发展进程。

3. 从海南民居建筑的发展角度出发，设计一个适合文昌地区的新民居建筑并绘制出手绘图和平面图。

第二章

琼南民居

琼南包含陵水、三亚、乐东等地。该地域历史上原属于黎族聚居地，汉族迁入后，黎族逐步退居琼中部山林。黎族人在长期的黎汉交流中有所汉化，建筑也大量运用中原汉族建筑元素，汉化黎族的生活方式及居住聚落逐渐与汉族接近，汉化黎族与传统的黎族生活方式及居住聚落有明显不同。琼南地区还聚居有回族人，主要分布在三亚市凤凰镇回辉、回新两村。回族村落在地域空间分布上往往不是孤立存在的，而是成群落布局形式。

琼南民居多是独院式宅院，多进式布局较少，标志性有民居建筑类型有崖州合院。独院式院落的民居单体构型"檐廊"宽度加大，其院落以三开间为基本构成，以"一明两暗"三开间的居中为主屋。在主屋两侧布置横屋，一般横屋较短，少有长横屋出现，较少有围合，多为开敞式（图2-1、图2-2）。琼南民居宅院类型也较为多样，构型中横屋变异较复杂，宅院间相互组合多样化。没有明确核心，宅院聚落整体而言多成组团状，稍显松散。

崖州合院的房屋分配充分体现了长幼之分和主次之分。在布局上，两侧厢房绝对不能高于正屋，因为正屋是家中长辈居住，而正屋的建造结构和规模是整个庭院最突出的，耳房或厢房依次按长幼次序分配。建筑正屋可分为接檐、走廊和主屋三部分，其中加宽接檐部分和加深走廊是为了起到防热、防雨、防台风的功能，其复杂的工艺极具中原和华南文化的色彩。

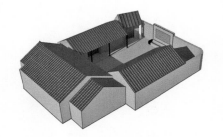

图2-1 崖州合院基本形制模型

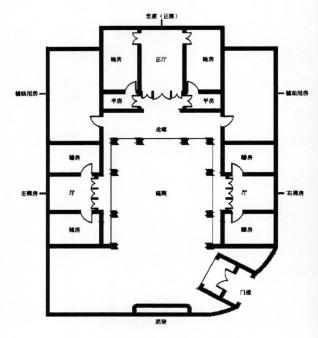

图2-2 崖州合院基本形制平面图

而琼南的"疍家渔排"是疍民在海岸边生产生活衍生出的一种民居类型，通常用几根木柱作胥家简易棚的支撑，用篱笆或旧船板作棚围护墙，用旧船板铺作疍家渔排的楼板，安有小木梯供人上下，用竹瓦或毛毡作棚顶。在屋内，平面布局正厅和卧室，厅、室都很小，开有小窗通风采光。有些疍家渔排平面不分厅室，整个屋子都是疍家人起居、会客、餐饮、下厨的场所。

第一节 ┊ 崖州合院

崖州合院民居是琼南沿海地区典型的传统民居形式，其建筑布局在一定程度上受福建民居和广东民居的影响，并结合了琼南地区的常年干热、雨季有暴风雨的气候特点，形成了独具琼南特色的接檐式民居。

一、成因与分布

（一）成因

琼南汉族居民大多为福建和广东的移民，他们在沿袭原居住地民居样式的同时，充分结合了琼南地区气候特点进行房屋建造。屋顶前坡长后坡短、"一剪三坡三檐"的接檐式屋面、大进深的前庭等做法是琼南崖州合院民居的特征。

（二）分布

崖州合院是琼南沿海地区较为常见的传统民居样式，主要分布在乐东至三亚等市县沿海的汉族村落（图2-3）。这些村落历史上原属崖州管辖，地处滨海平原地带，土地相对贫瘠，气候干热，蒸发量大，降雨较琼东北地区少。

图2-3 崖州合院鸟瞰图

二、形制与构造

崖州合院沿村里巷道两侧呈梳式布局，一般为单进院落，少量为多进合院，单进院落有二合院和三合院。二合院由一正一横两栋房屋组成，三合院由一正两横三栋房屋组成，合院一般都有门楼，门楼位于横屋的一端。

合院一般为一层，门楼的一层或二层。正屋为一明两暗三开间，明间为堂厅，堂厅两侧为卧房。正屋前有前庭，前庭的堂厅部分进深较大，俗称"庭屋"，其两旁的前庭进深稍小，俗称"鸡翼"。横屋也是一明两暗三开间，明间为客厅，暗间为生活用房。正屋和横屋转角连接处一般为杂房或书房，有些还设有小天井或小院。正屋中门正对院墙位置一般建有照壁。崖州合院的正屋和横屋均为坡屋顶，多采用"一剪三坡三檐"的接檐式屋面。横屋屋面有时也采用接檐式。

三、建造工艺

崖州合院采用传统穿斗式木构架结构，外围护结构采用红砖灰浆砌筑成清水砖墙，屋顶为坡面，在木构上铺设椽子，椽子上铺板瓦（俗称"瓦母"），板瓦上倒扣筒瓦（俗称"瓦公"），筒瓦用灰浆铺砌，外批一层灰浆，以提高屋面抗风性能；地面多采用砖铺地。

建造时先择好吉日"挖屋场"（也称"操土"），接着浇水浸泡宅地将土"勒"紧，然后择日"开墙脚"，接着立柱升梁，直至建好入宅，每一环节都按特定习俗进行。

崖州合院的建造工艺有以下几点内容。

①屋室布局和建造技艺。主屋的建造有很多讲究，中间是供奉祖宗神灵的堂屋，当中最精美的部分当属神龛（图2-4）。一般为全木结构，纯手工镂刻，前雕凤凰、仙鹤、麒麟等灵禽神兽，如同一座仙界楼阁。堂屋两侧是主卧室和耳房，主卧室由堂屋设门，耳房则在廊道设门，也有耳房和主卧相通的做法。

图2-4　精美的古宅神龛

堂屋（图2-5）的瓦路通常为15或17路，卧室的瓦路为13或15路，堂屋瓦路始终多于卧室，而且必须是单数，据传只有如此才会给屋主带来吉祥。主屋的房脊多为两端上翘并彩绘祥云图案的形式（图2-6）。

图2-5　合院堂屋

图 2-6　房脊彩绘

图 2-7　灯笼瓜柱

　　崖州合院的房屋分配充分体现了长幼之分。从布局上看，两侧的厢房不高于正堂，因为正堂是家中长者居住的地方，耳房或厢房按后辈长幼次序分布。其中正堂是整个庭院最突出的部分，其工艺具有华南文化的色彩，这是因为崖州地区是海南圣贤学者、达官名流的聚居地，粤浙闽等发达地区来此做生意的商人也在此定居。整个正堂可分为接檐、走廊和主屋三部分，其中接檐部分是为了适应琼南干热、雨季多雨的气候特点设置的。接檐和走廊之间由梁架连接，构造十分精致，探出的枋头多雕成龙头状，侧面刻有蝙蝠和祥云，寓意"福从天降"。枋头与下梁之间还有"四方花柱"或"灯笼瓜柱"，镂雕结合的牡丹花立体感很强，寓意"花开富贵"，"灯笼瓜柱"（图 2-7）更是逼真，就像真的灯笼挑于檐下。

　　②走廊地面。合院走廊的地面十分少见，由石灰、糯米、黄糖和细沙做成。首先将糯米和黄糖舂得像黏胶一样，再均匀搅入石灰和细沙，然后铺在地面反复冲击夯实，等待凝固干实后，就形成了光滑坚

硬的地板，光脚踩上去冬暖夏凉，且百年不烂。因耗材较贵，只有一些大户人家才会在堂前制作一块。

　　③门楼和照壁。

　　门楼（图 2-8）一般为砖木结构，砖为当地石灰和黏土烧制的青砖，木为质地坚硬的树木芯材。门楼顶有脊，两端上翘，画有祥云或花朵等图案，预示着对生活的美好祈求。门楼顶棚的瓦片衔接紧密，柱形瓦路整齐流畅。顶棚底部是一段横壁，上面或用镂空砖设置通风口，或打上白灰批荡、画有花鸟等象征吉祥富贵的图案。再下面分别为可栓可锁、可张可闭的木门及其两侧山墙。

　　按照传统风俗，门楼必须位于合院的侧面，不能与正堂相对，而照壁则必须要在正堂对面。按照庭院大小不同，照壁也可高可矮，它的设计既要有独立的结构又要融入整体布局。崖州保平村张家宅的照壁多为主屏加条屏样式，主屏顶端和上角有祥云彩绘，中间以"福"字装饰，两边则是具有"平安、福禄"内容的对联，条屏则是象征喜运和富贵的花鸟彩绘（图2-9）。

图 2-8 合院门楼

图 2-10 陈运彬祖宅原鸟瞰图

图 2-9 崖州保平村张家宅照壁

图 2-11 陈运彬祖宅右横屋

④合院围墙。崖州合院的围墙转角会设计成弧形，当地有向外的墙壁直角会给邻居带来坏运气的说法，因此大家把围墙都建成了弧形，不仅美观，而且象征着邻里和睦。

四、典型建筑

（一）乐东县黄流镇陈运彬祖宅

陈运彬祖宅，拔贡公陈锡熙建于清代末年，坐北朝南，占地面积约600平方米（图2-10~图2-18），由一正两横围合成院（左横屋今已拆除）。正屋正对院

图 2-12 陈运彬祖宅正屋

墙有一照壁，灰浆砖砌，上有"福"字、蝙蝠、花草等灰塑图案，现图案已模糊不清；左横屋旁另建有一书房及附院（已拆除，现新建一栋小洋楼），书房正对院

图 2-13　陈运彬祖宅照壁和弧形清水墙　　　　　图 2-14　陈运彬祖宅门楼

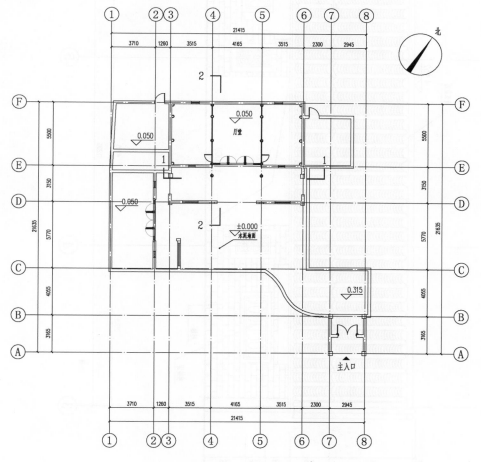

图 2-15　陈运彬祖宅平面图[1]

1.本册图样上的尺寸单位，除标高及总平面图以米为单位外，其他的以毫米为单位；图中所标尺寸数据均来源于遥感技术，历史建筑的数字档案建立数据精度允许误差不大于 5 毫米。

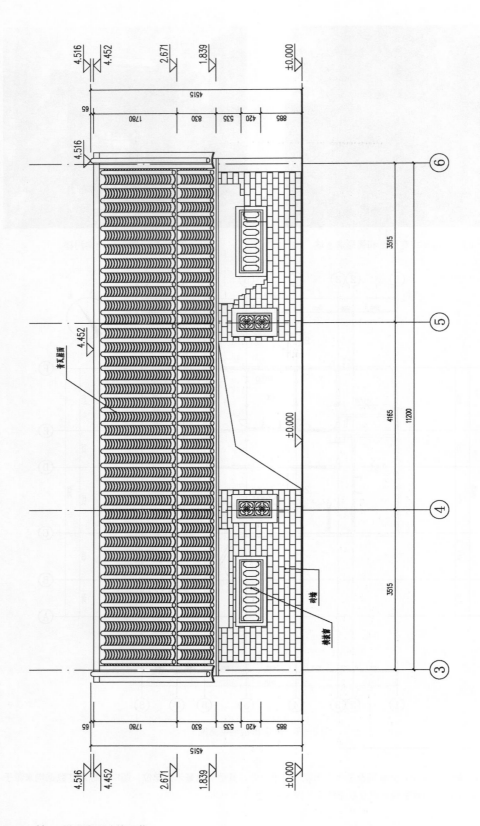

图 2-16　陈运彬祖宅立面图

（a）

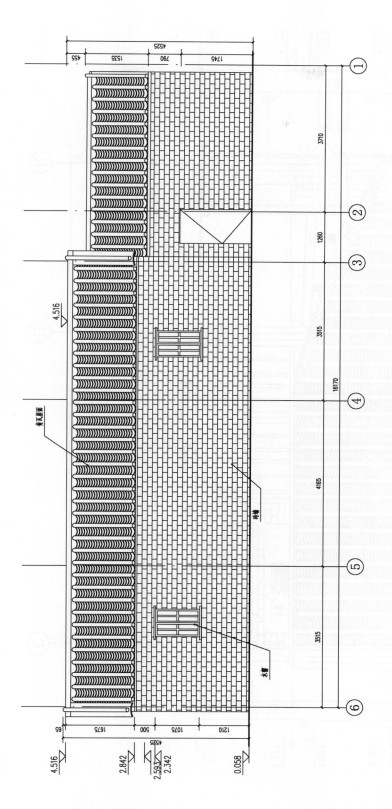

图 2-16（续）

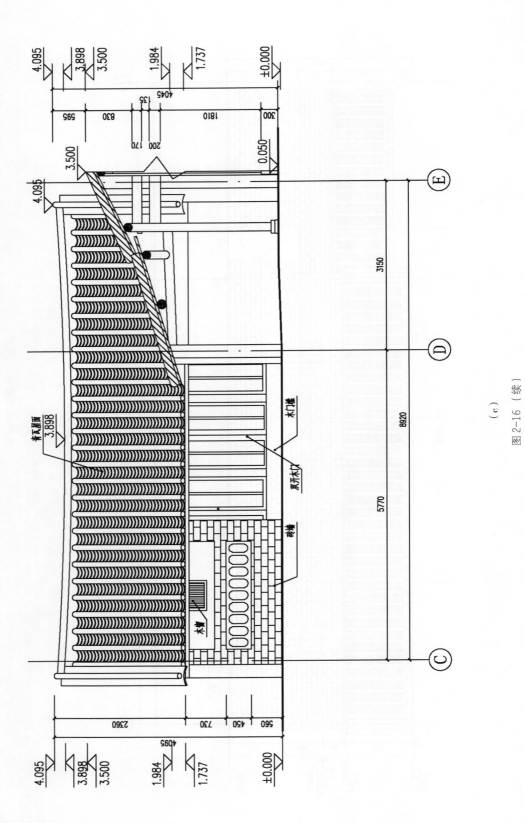

图2-16（续）

（c）

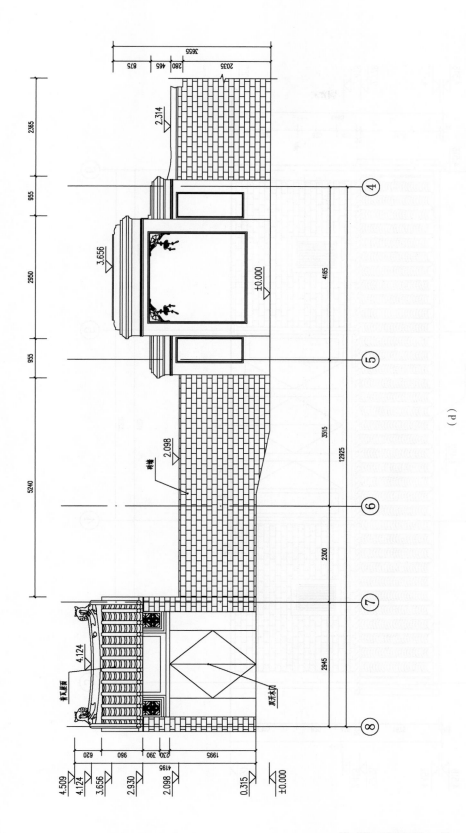

图 2-16（续）

（d）

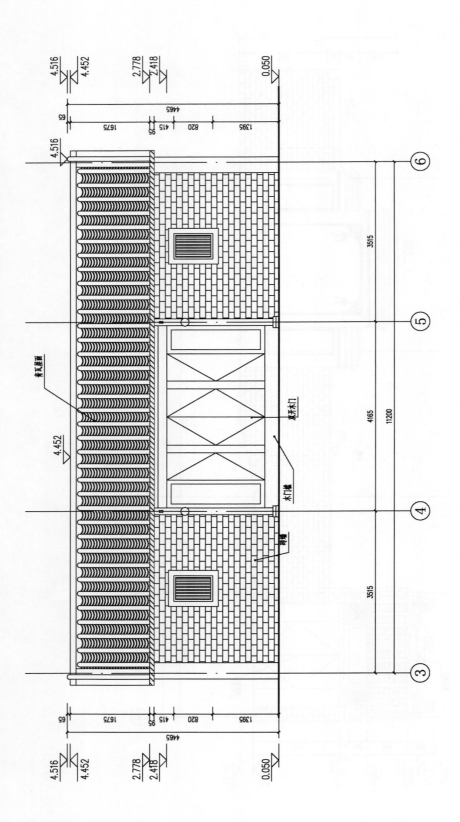

图2-17 陈运彬祖宅剖面图

(a)

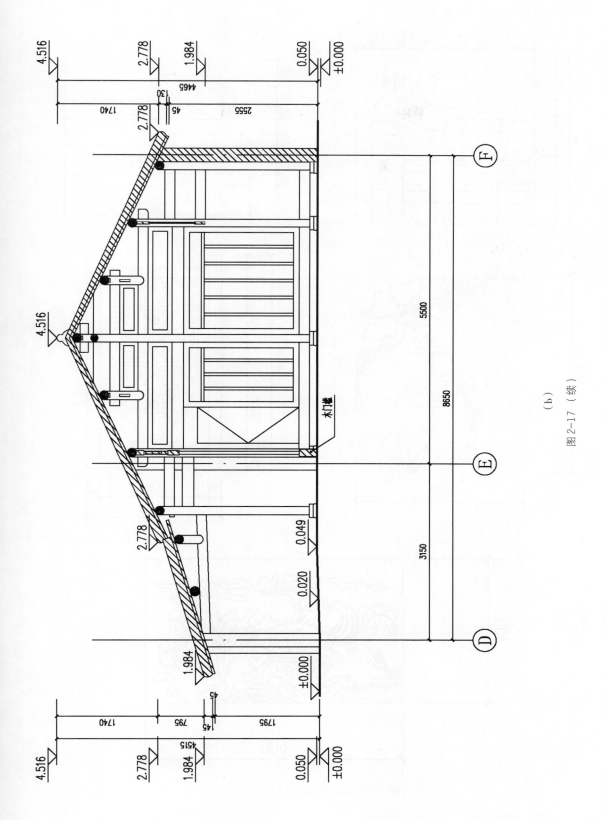

图 2-17（续）

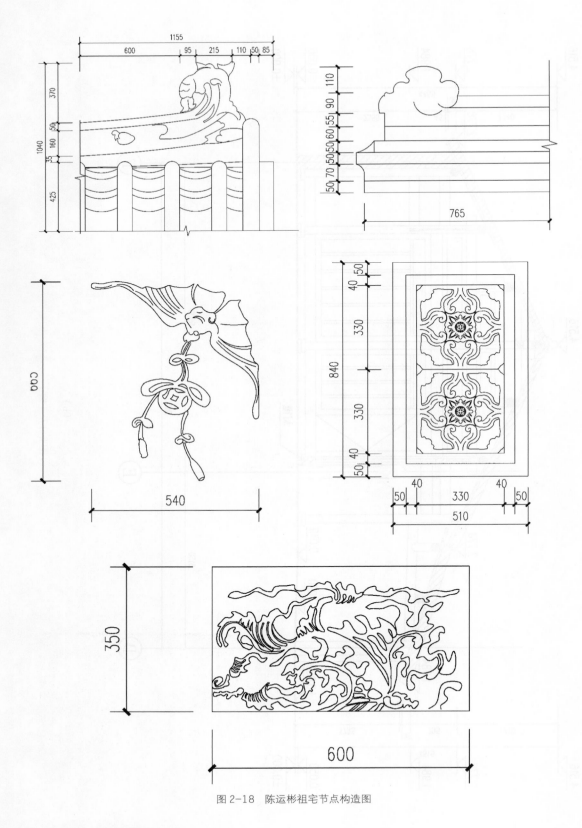

图 2-18　陈运彬祖宅节点构造图

墙也有一照壁，比正院照壁略小，上有"寿"字、蝙蝠、花草等灰塑图案；门楼位于左横屋前方，砖木结构，坡屋顶，入口处地面和上方设有防盗木柱孔。

正屋一明两暗三开间，两横屋也为三开间，屋顶形制为硬山顶，正屋和左横屋屋顶为"一剪三坡三檐"的接檐式坡屋面。正屋结构为传统穿斗式木构，外墙为清水砖墙，横屋为砖木结构。

（二）乐东县九所镇孟儒定旧宅

孟儒定旧宅（图 2-19~ 图 2-27）建于光绪三十四年（公元 1908 年），为清末拔贡生孟儒定所建，占地面积 2959.38平方米，坐北朝南，为五进三合院落。建筑为纵向轴线排列，除第一进外，每进院落左右均设有小门楼（已毁坏）。每进院落均为一正两横的三合院，正屋和横屋均为一明两暗三开间，前面均有较大进深的前庭（俗称"庭屋"）。横屋后有书房、杂房等附属用房和小后院。屋顶均为硬山式，一般前坡长后坡短，有些横屋屋顶为接檐式坡屋面。正屋结构为传统穿斗式木构，外墙为清水砖墙，横屋为砖木结构。

（三）三亚市崖城镇陈氏古宅

陈氏古宅位于三亚保平村，距三亚凤凰机场约 40 公里，总建筑面积约 1500平方米，是崖州古民居的典型代表。现存的陈氏古宅建筑都始建于清代，于 2010

图 2-19　孟儒定旧宅鸟瞰图

图 2-20　孟儒定旧宅 1

图 2-21　孟儒定旧宅 2

图 2-22 孟儒定旧宅 3

图 2-23 孟儒定旧宅 4

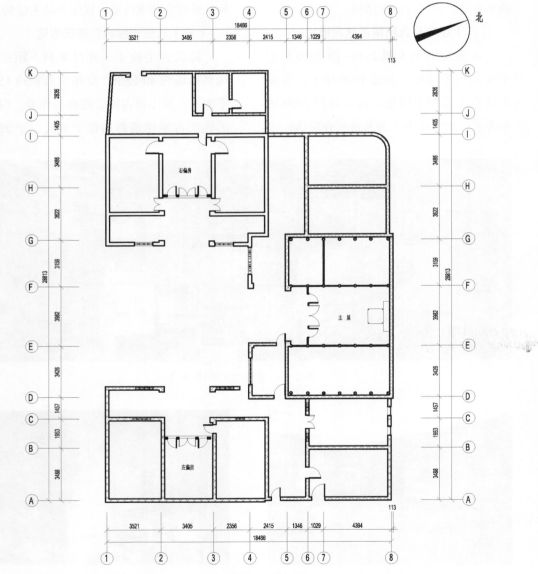

图 2-24 孟儒定旧宅平面图

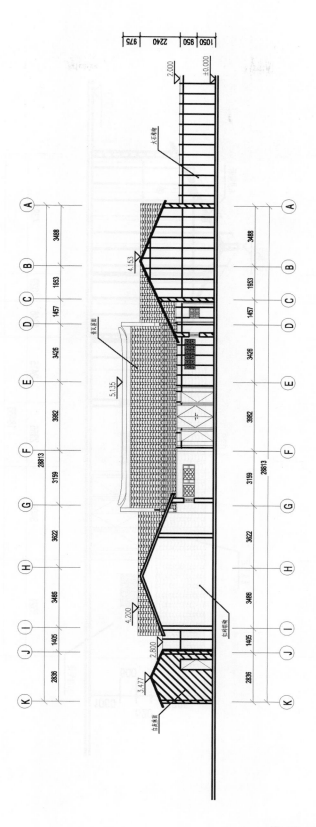

图 2-25 孟儒定旧宅立面图

（a）

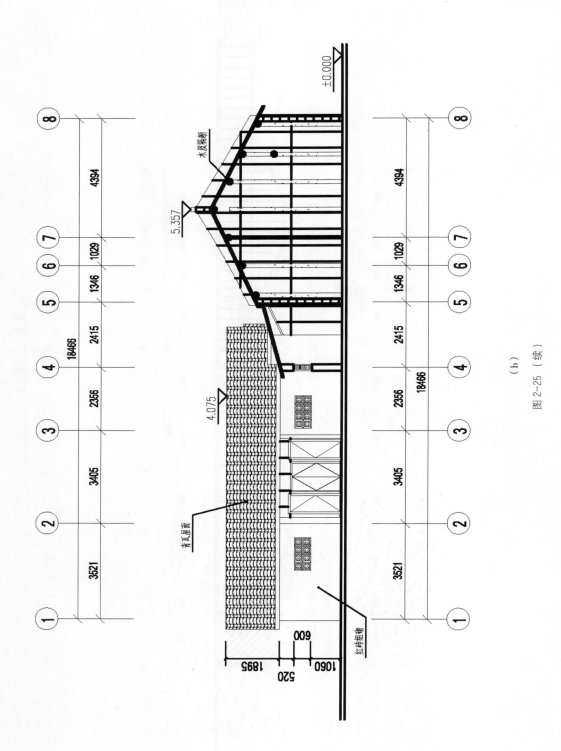

图 2-25 （续）

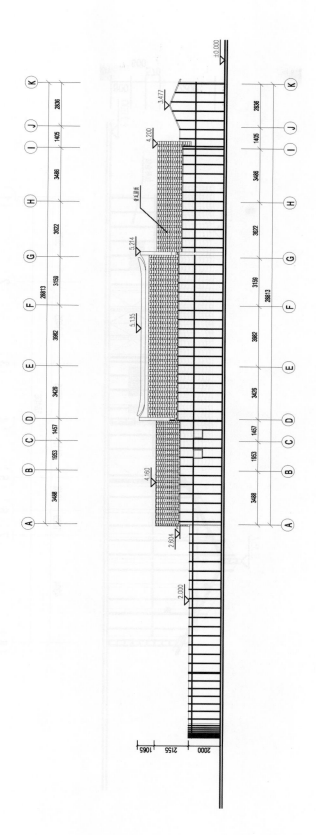

（c）

图2-25（续）

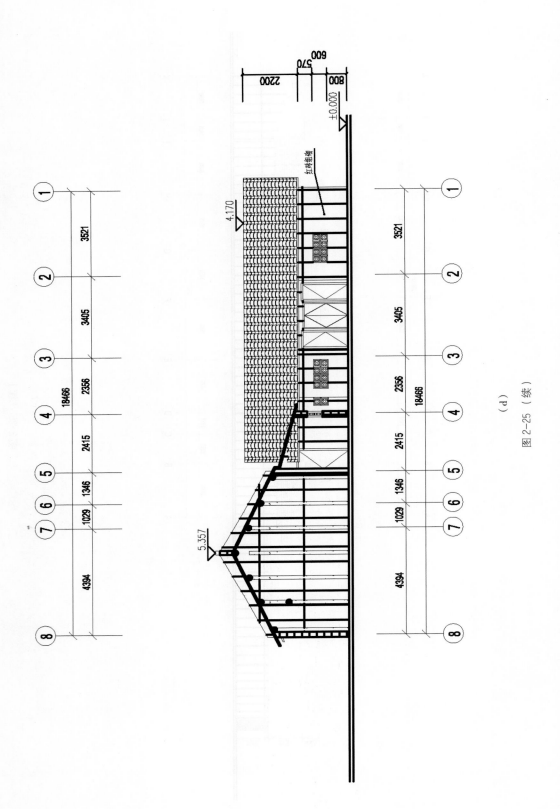

图 2-25（续）

（d）

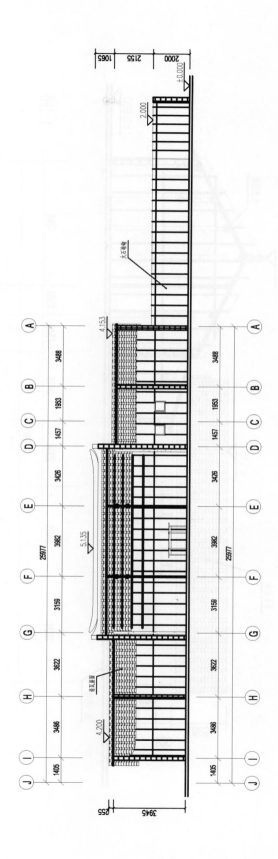

图2-26 孟儒定旧宅剖面图

（a）

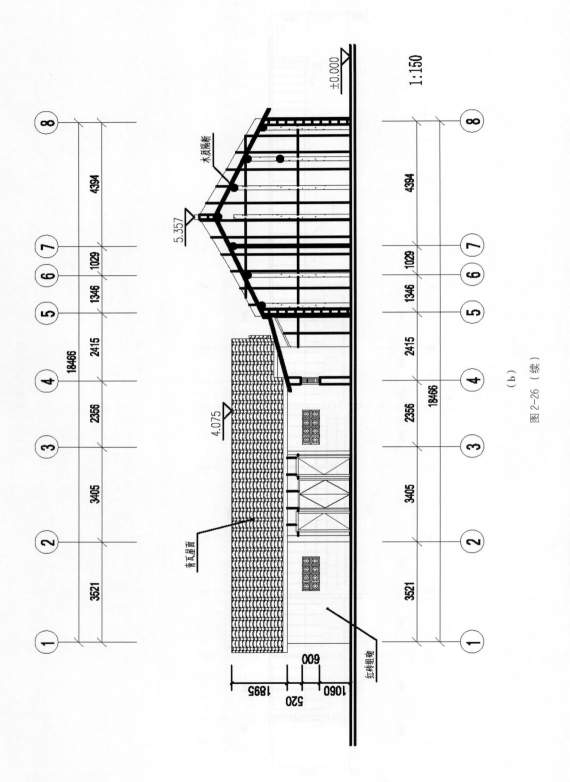

图 2-26（续）

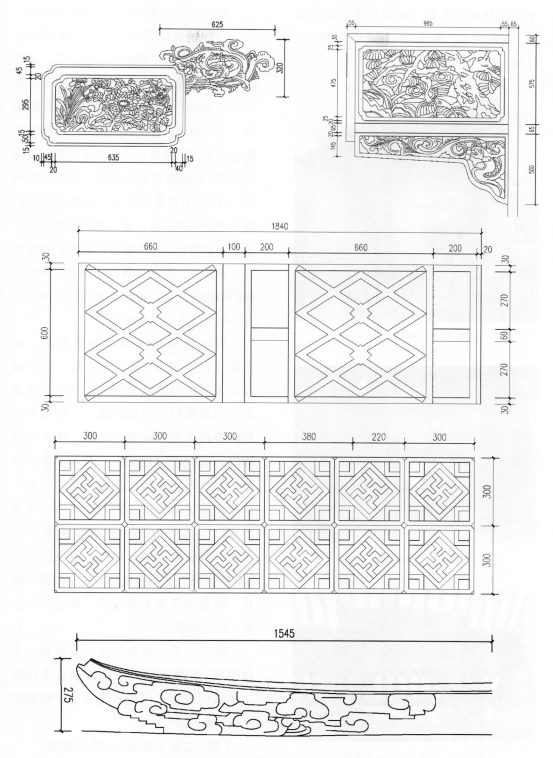

图 2-27　孟儒定旧宅节点构造图

年得以修缮，主要有陈学良宅、陈学伦宅、陈传荣宅、陈传亮宅等（图2-28~图2-38）。

图2-28　陈传荣宅1

图2-29　陈传荣宅2

图2-30　陈传荣宅的神龛木雕

陈氏古宅院落形式主要有以下两种。

一种是独院式四合院，以陈传亮宅为代表。作为保平村的标志性建筑，该宅院位于保平村"大"字布局的节点处，占地面积370平方米，由入口门楼、东西厢房、主屋加上围合的院子构成。门楼位于南边，为两层建筑，主要用于观察、接待或喝茶；左边则设有西厢房，旧时用作厨房、餐厅；右边是东厢房，旧时用作客房；佣人房位于侧后方，现在已经改为厨房、卫生间和餐厅；主屋坐落在北面，中间堂上设置神龛，堂两边各两间卧室，其中北面的两间是主卧，南面为次卧，中间围合有一个大院子、两个小院子。

另一种为多进窄巷道式布局，由自家三合院与前家形成四合院，然后通过几家连建而形成（旧时大户多进院落由于子孙繁衍分户成独院），其代表民居是陈传荣宅、陈学良宅等。这类建筑功能布局除去门楼变小，改设于东、西方向之外，与独院式四合院基本一致。其中，陈传荣宅被誉为"崖州第一神龛之家"。其宅内现存有制作精美的小木作，历史可追溯至清代，距今已有近200年历史。这类小木作多位于门窗、阁楼、神龛以及梁头等部位，虽经历史沧桑，仍色泽优良。

陈氏古宅的屋盖为木檩瓦屋顶，不设望板，以青砖（石）山墙结合中间穿斗木结构墙形式以构成骨架，中间则以木板隔断。

（四）三亚市崖城镇何氏明经第

明经第位于今三亚市崖州区保平村。

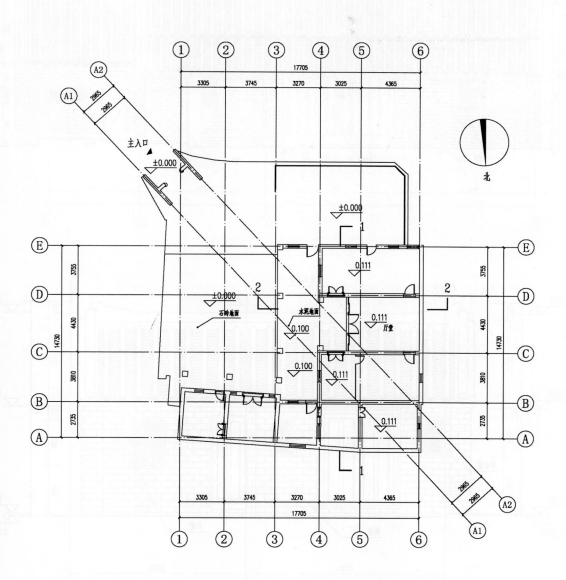

图 2-31　陈传荣宅平面图

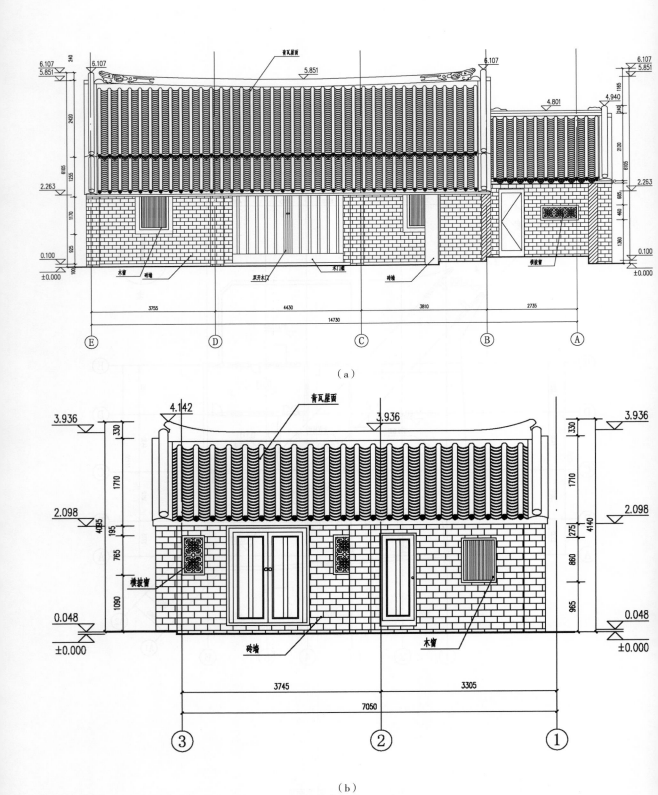

（a）

（b）

图 2-32 陈传荣宅立面图

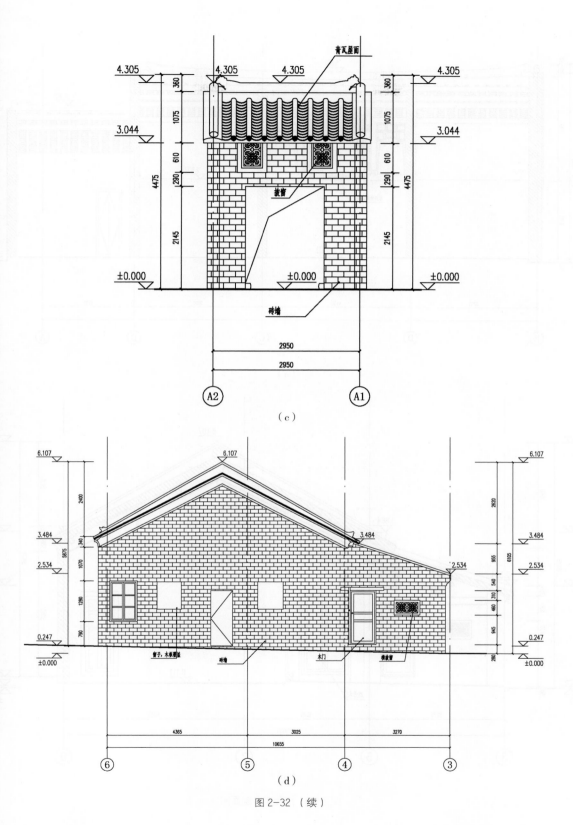

（c）

（d）

图 2-32 （续）

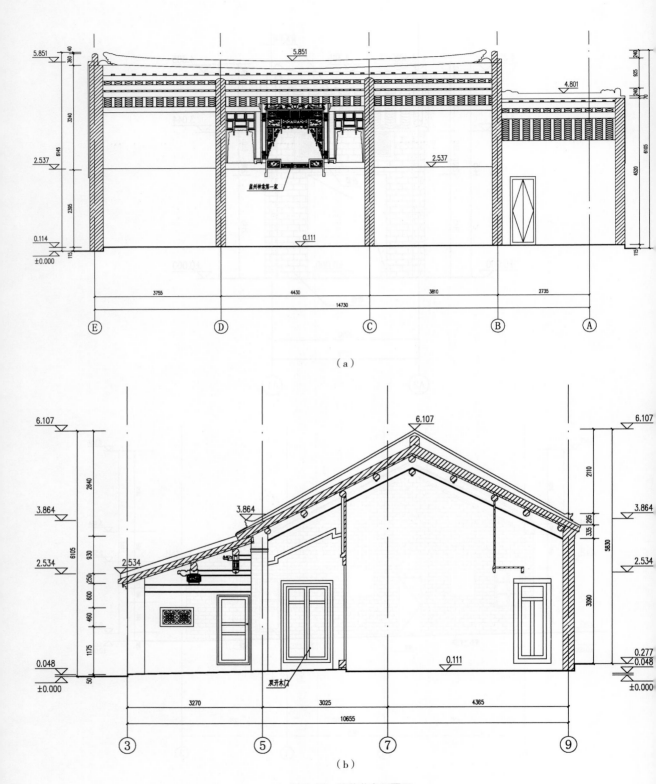

（a）

（b）

图 2-33　陈传荣宅剖面图

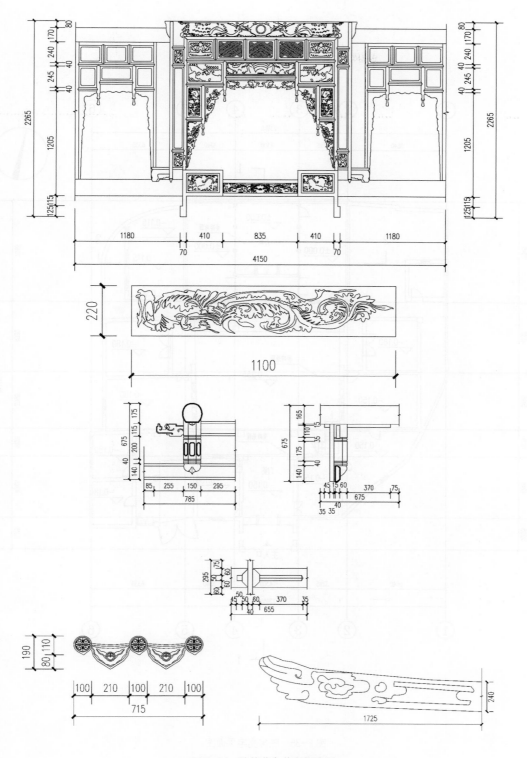

图 2-34　陈传荣宅节点构造图

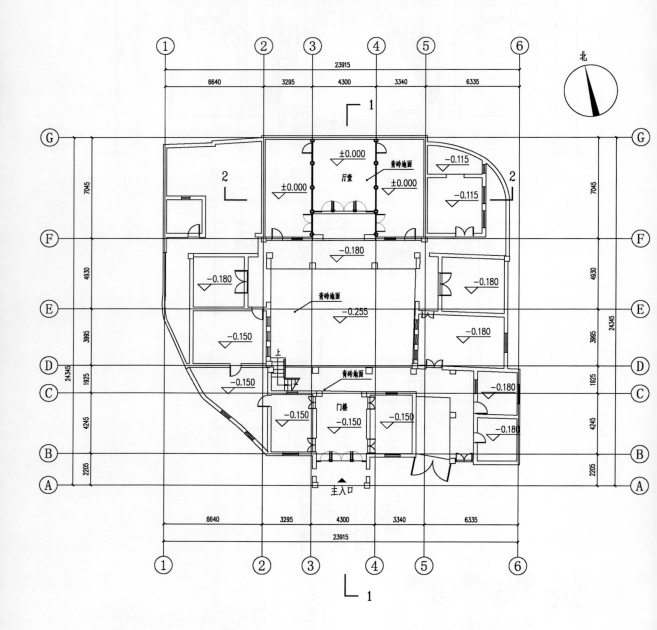

图 2-35　陈传亮宅平面图

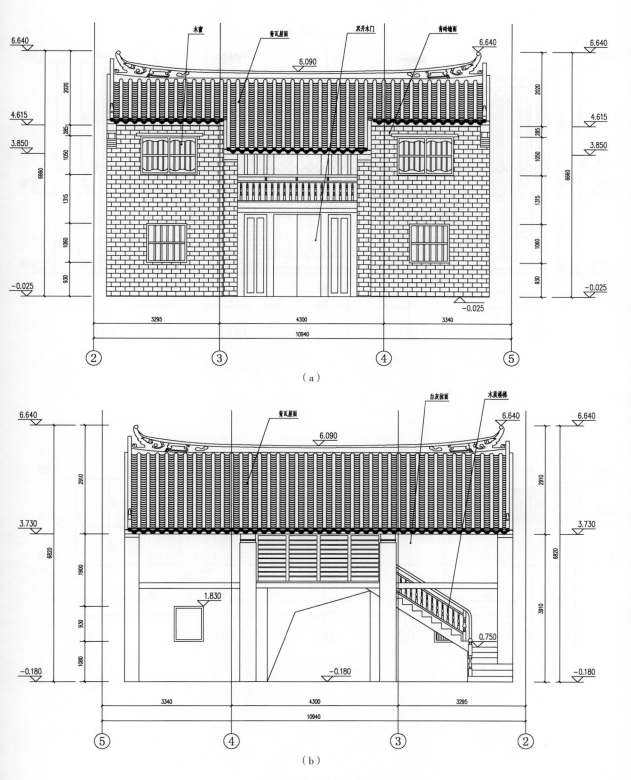

图 2-36 陈传亮宅立面图

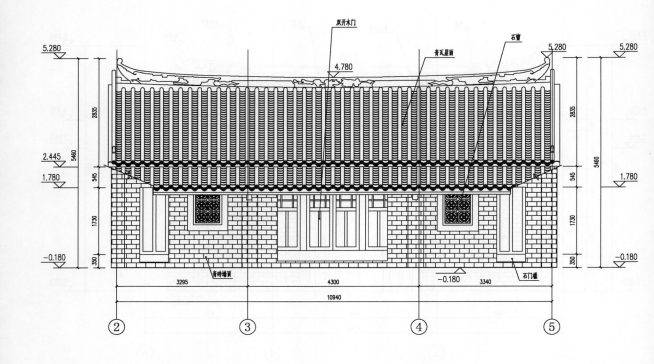

（c）

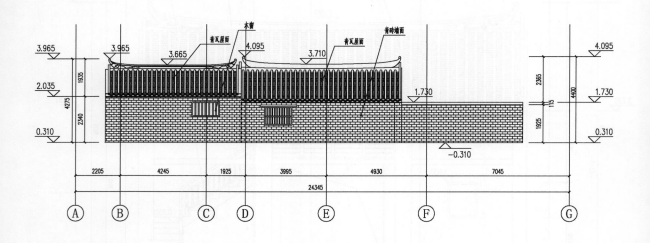

（d）

图 2-36 （续）

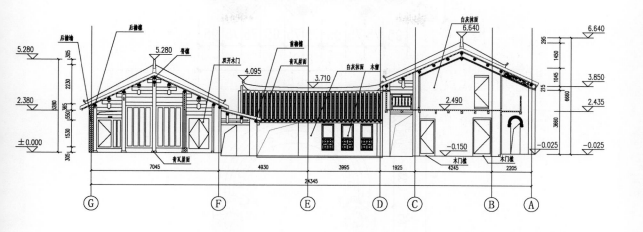

（a）

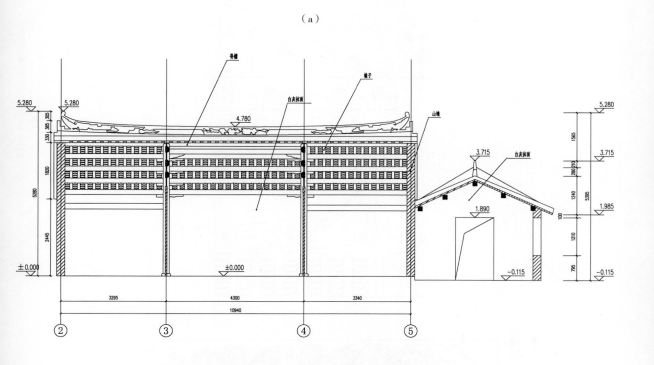

（b）

图 2-37　陈传亮宅剖面图

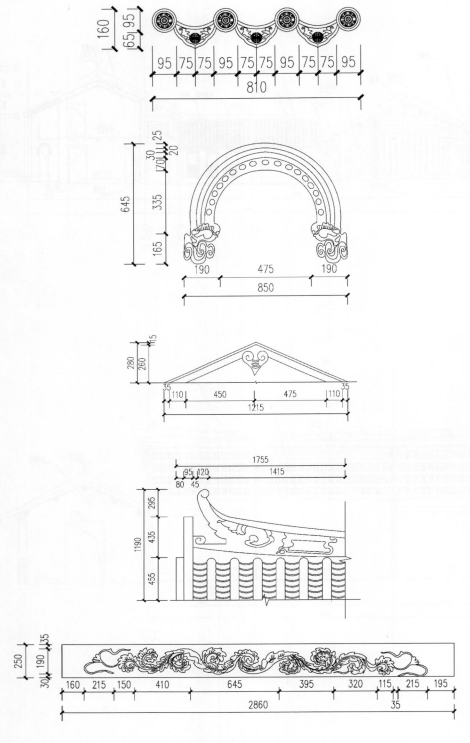

图 2-38　陈传亮宅节点构造图

据当地介绍，明代永乐至万历年间，保平村一共出了32位贡生，到了清代，又出了十多位贡生。因此，修建"明经第"小门楼，既是为了纪念祖辈中有人考上贡生这一光辉功绩，同时也能够彰显自家是书香门第。不过目前仅存有何家宅明经第小门楼（图2-39~图2-46）。

整座何家宅占地面积412平方米，建筑面积约320平方米。该宅居是崖州地区现存最为完整的传统民居，其整个建筑群包括门楼、照壁、主屋（明间、次间）、北厢房、书房、厨房、杂间和围墙。

门楼额上有墨书，"明经第"三个大字至今依稀可辨。主屋坐西朝东，门楼坐南朝北，厢房坐北朝南。主屋的屋檐压得十分低矮，在屋脊檩和二伏橼下还留有升梁时的朱漆题字。因崖州地区过去多有水灾，若遭遇雨季，洪水会漫入地势低的房屋内，所以崖州人在建造房屋的时候就会修建一个架空的储存间来存放一些粮食物资。何家宅的储物间由木板搭成，位于屋内耳房的屋梁下。

作为保平村保存至今较为完整的清代贡生（明经进士）宅居，何氏明经第是研究崖州清代贡生的教育和人文环境不可或缺的实物依据，已于2015年11月24日被列入第三批海南省文物保护单位。

图2-39 明经第祖屋鸟瞰图

图2-41 明经第门楼

图2-40 明经第祖屋

图2-42 明经第祖屋

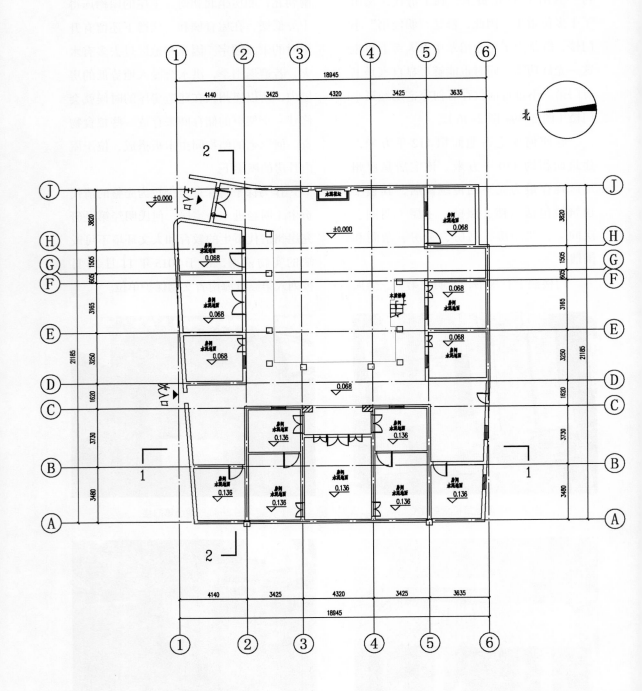

图 2-43 明经第平面图

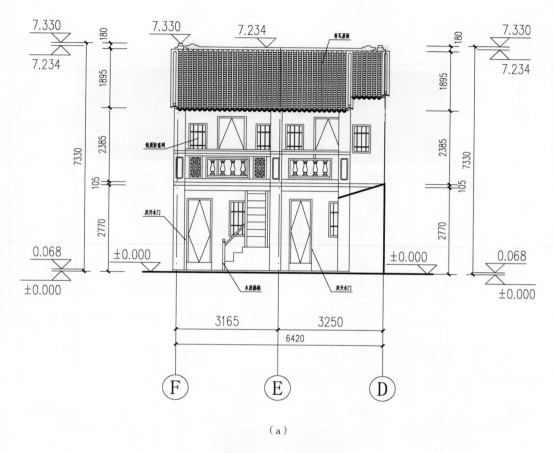

（a）

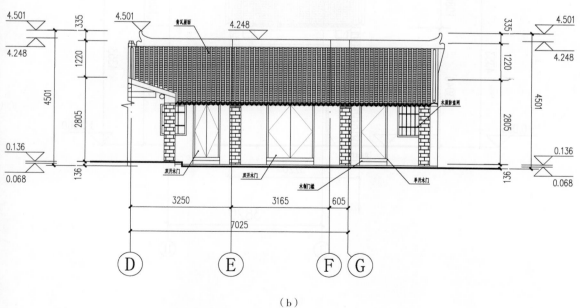

（b）

图 2-44 明经第立面图

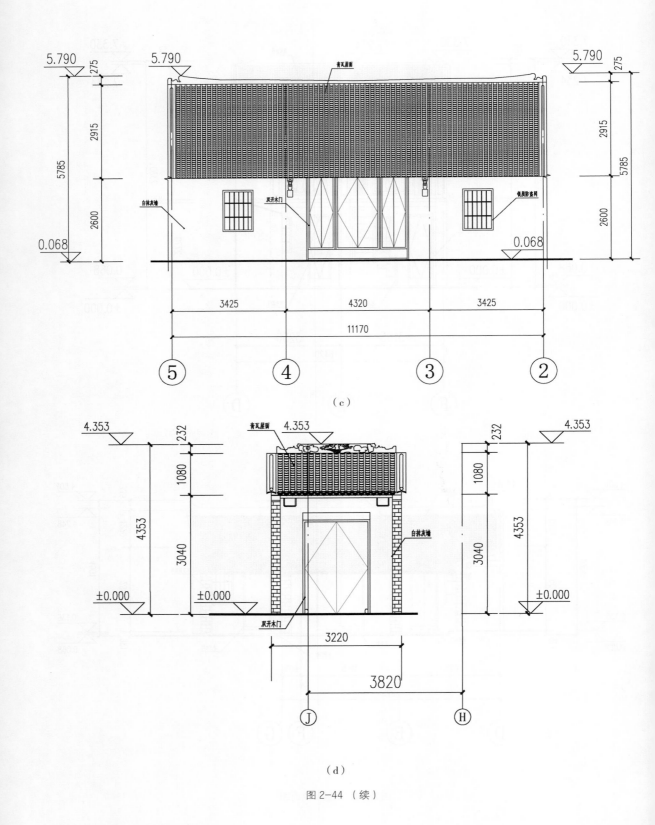

（c）

（d）

图 2-44 （续）

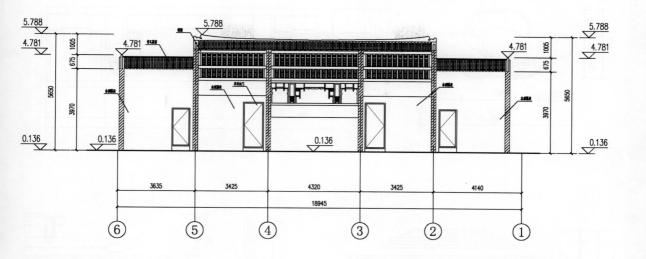

（a）

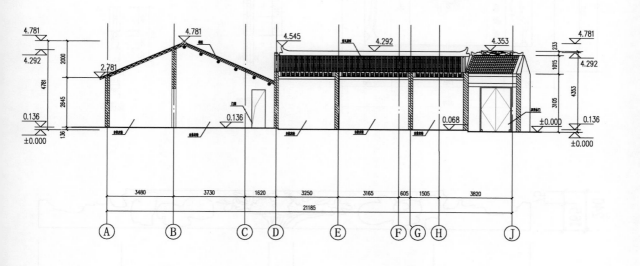

（b）

图 2-45　明经第剖面图

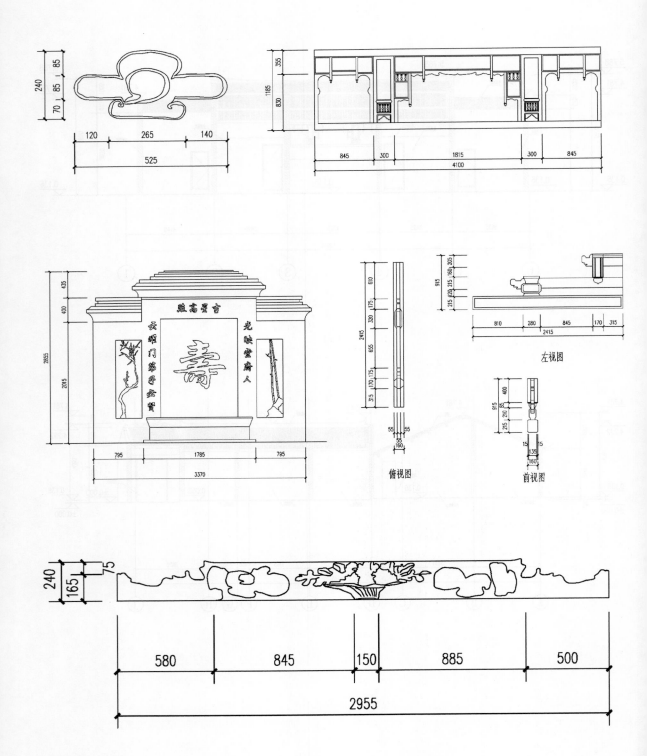

图 2-46 明经第节点构造图

第二节 ：疍家渔排

"渔排"是海南疍家民居的典型样式之一，也是疍家人在延续传统水居船屋、临水吊脚屋（也叫"疍家棚"）功能的基础上，为了适应水上养殖而修建的集养殖、捕鱼和居住为一体的民居样式（图2-47）。

图 2-47　疍家渔排

一、成因与分布

（一）成因

疍家人是古代中国南方海上捕鱼、居于舟船、漂泊不定的特殊群体。随着水产养殖业的兴起，疍家人在有遮蔽的内港和河流支流上建立了渔排，进行水上养殖，渔排屋成了疍家人生产和居住的场所。渔排屋的建造保留和传承了疍家人的传统习俗，在渔排屋居住如在船上一样，坐卧席地无床椅，卧室不设蚊帐，地板打上蜡，经常擦拭得纤尘不染。渔排源于疍家人水上船屋。明清时期疍家人在临岸搭建吊脚屋（也叫"疍家棚"），到了近现代，部分疍家人水陆两栖，渔排成为疍家人建造的集水上养殖、捕鱼和居住为一体的民居样式。

（二）分布

"渔排"在海南疍家人聚居地的港湾河汊均有分布，所处地多为热带季风气候，气候炎热湿润，每年台风较多。现存实例在陵水县新村、三亚市红沙等地的港湾均有分布。

二、形制与构造

"渔排"一般建在港湾、河汊等适宜养殖的区域，包括养殖区和居住区，两者为一整体，均浮在水上。渔排由多根格木纵横搭成方格网状，横向为单根宽方木，纵向为两根并列的窄方木，形同一双筷子，又称"筷木"，"筷木"主要用于固定浮块。每个由格木围成的方格称为"龙

口",龙口尺寸一般为 3.5 米 ×3.5 米或
4.0 米 ×4.0 米,是渔排网箱养鱼和房屋建
造的基本单元。每个渔排横向和纵向约有
3~5 个龙口。渔排房屋一般占用 2~6 个龙
口的位置。房屋是木骨架,屋顶呈坡状,
室内地坪使用木板,厅房内不置床和桌椅
等家具,坐卧均在地板上(图 2-48~ 图
2-51)。

图 2-51　疍家渔排的内景

图 2-48　"龙口"的主要形制

图 2-49　渔排的水上通道

图 2-50　渔排外观

三、建造工艺

　　疍家渔排是疍家人在海边搭建的集生
活和生产为一体的建筑和构筑物集合体,
每个建筑单元由一个个木质方格网和居
住建筑船屋组成。为了保证生活的私密性
和监管的方便,船屋通常设在远离航路的
一侧,位于自家渔排单元的东南角或东北
角。由于海南地区台风登陆方向通常为东
南方,因此入口位于西南,渔排上船屋整
体朝向常为南偏西,而东南侧相对封闭,
能够较好地避开风浪。

　　渔排的建造先是在浅水区用螺栓将
格木搭建成方格网的龙口,备好渔排浮
块、建造木屋及网箱的材料,然后用船拖
至选好位置的深水区,在龙口"筷木"下
绑扎泡沫浮块或塑料圆桶,同时在龙口上
搭建房屋,房屋墙体和屋顶均为木构架。
墙体在木构架外采用马口铁皮围护,外墙
开窗。屋顶在木构架上采用多层构造做
法,由下至上依次在木构架上铺一层铝
塑板,再铺一层木板压紧,铺防水塑料
布、隔热泡沫块,外包马口铁皮,在铁
皮上压钉木条。

　　渔排的建造工艺有以下几点内容。

①格网基础模数化。渔排方格网用木材制成，呈纵横交叉连接成的多个方形矩阵模数化集合体。格网下布置养殖海产的网箱。水产养殖区位于外侧格网，占地在3~6排网格不等，养殖区木板十字搭接处立金属柱，立柱横竖十字搭接，上面可覆盖雨棚，用于遮挡风雨；船屋位于里侧方格网，一般占4个方格网，小型船屋仅占1个格网，规模稍大的船屋为6个方格网。模数化的格网便于定位量尺和批量生产施工，能节约建造时间，板材可根据尺寸提前在陆地上进行预制安装。

②建筑主体结构。疍家渔排主体结构采用木材建造，一般为耐腐蚀性强、浮力较大的杉木。建筑主体以木材构成的框架为主要承重构件，木材导热系数低，具有良好的隔热性能。主体木结构框架上铺木板，为防止海水对木板的侵蚀，木板表面涂有桐油或油灰，木板外再贴一层铝板。铝板可以保护木板不受海水侵蚀，也能够更好地反射阳光，减少船屋的热辐射。主体入户门为外开式木门，其余厨房、厕所门等均为单侧外附木板和铝板推拉门，窗户为单层推拉玻璃窗。推拉式门窗可节省空间，密封性较好，也能防止雨水渗透，同时又有良好的抵御台风的作用。屋顶结构一般为两层20毫米厚的木板中间夹一层100毫米厚的泡沫，可增强屋顶的隔热性能。屋顶最上层木板外层涂防水涂料，覆一层铝板防太阳辐射及雨水冲刷，其上侧固定一排龙骨，用螺栓来加固屋顶，防止台风对房屋造成破坏。

③船屋内部建筑空间。主体建筑物船屋位于水上航道内侧，为防止涨潮对建筑内部空间造成的影响，通常船屋高度要比室外模数化方格网木板高40~50厘米，形成建筑物主体底层架空的空间形态。底层架空的空间形态也可以加强建筑底部的自然通风，有利于湿热空气的消散。建筑主体空间由室外甲板空间、入户玄关空间和室内主体空间三部分组成。其中甲板是最外层空间，顶部厚油毡布起到遮阳的作用，防止过多阳光直射进入室内；玄关是中部空间，是室内与室外的过渡空间，用于存放救生衣等物品；室内主体空间包括客厅、卧室、祭祀空间等，平面上客厅与玄关呈轴线相对，空间贯通，使船屋具有良好的通风性能。

四、典型建筑

（一）陵水黎族自治县新村镇郭石桂渔排

郭石桂渔排位于陵水黎族自治县新村镇新村港内，由郭石桂于1985年建造，期间经过多次维护加固。该渔排左右有5个龙口，前后有4个龙口，渔排屋坐东北朝西南，面宽和进深均为2个龙口，共占4个龙口，建筑面积约60平方米。该渔排设有卧房、堂厅、客厅、前厅和工作台，卧室左右各一间，中间留出一通道，通道上方为祖宗牌位架和储物架；堂厅为长方形，长约8米，宽约2.7米，堂厅为活动起居空间，无桌椅等家具，平时住户席地而坐；前厅主要为日常工作的场所；工作台置放养鱼饲料、渔网等用具；卫生间在渔排最外端的龙口上。屋面为硬山坡屋顶形式，前坡长后坡短（图2-52、图2-53）。

图2-52　郭石桂渔排外景

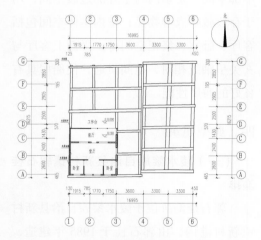

图2-53　郭石桂渔排平面布置图

（二）陵水黎族自治县新村镇黎孙喜渔排

黎孙喜渔排位于郭石桂渔排南侧，建造时间和郭石桂渔排相近。黎孙喜渔排左右5个龙口，前后4个龙口，渔排屋建在中间龙口上，加上工作台前后共占3个龙口。自后向前，依次为卧房、堂厅、前厅和工作台，室内地坪依次降低。卧室分左右两间，门均开向堂厅，卧室尺寸较小，可席地而睡；堂厅稍大，长和宽均为1个龙口尺寸，约4米×4米，左边墙角安置有祖宗牌位，无桌椅等家具；前厅和工作台是煮饭、织网等做日常家务的空间，工作台上有遮雨篷布。屋面为硬山坡屋顶，主体为左右坡，前厅为单前坡（图2-54、图2-55）。

图2-54　黎孙喜渔排外景

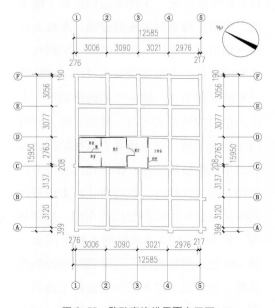

图2-55　黎孙喜渔排平面布置图

思考与实训

1. 浅析疍民渔排与海口渔排的相同点和不同点。

2. 尝试根据陈运彬祖宅平面图用 SketchUp 软件建出该宅的模型。

3. 从平面布局、工艺特征等方面比较分析陈运彬祖宅与孟儒定旧宅。

第三章

琼北民居

琼北地区包括海口市、临高县、澄迈县、屯昌县、定安县5个县市。

琼北地区是海南历史上经济较为发达、文化较为繁荣的地区。西汉武帝时期开疆扩土，在琼北今海口琼山区设置珠崖郡，中原文化便在此迅速扩散。同时，闽南、岭南两地的文化也随着移民迁入被带入并融入琼北地区，在当地语言、生活习俗、建筑形制、宗教信仰等多个方面得到体现。琼北建筑文化，带着中原建筑文化的痕迹，也与闽南、岭南两地的建筑文化有着不可分割的"血缘"关系。多元建筑元素交融成为了琼北传统建筑最大的特点，闽南风格、岭南风格、伊斯兰风格、骑楼风格的传统建筑交相辉映，地域传统屋檐、灰塑阿拉伯弧形窗及穹顶、中原传统坡屋顶及堂屋、罗马式拱券及门廊柱式相得益彰。

琼北传统民居延续着中原传统的建筑营造方式，讲究礼制尊卑，院落的围合讲求高低关系，强调轴线，主次分明。一般表现为独院式、青砖灰瓦、坡屋顶、大挑檐、连廊、双层窗、花瓶栏杆，并且具有遮风挡雨、通风透气、隔热防晒等适应热带气候的地域建筑特征。琼北地区传统聚落的建构单元的基本构成为：入口的"路门"，正屋，"一明两暗"的横屋，包含厢房、厨房杂物等辅助功能院落及围墙。这也是最基本的独院式院落的构成要素（图3-1）。

琼北传统民居以独院式院落为基本单元，以正屋单进或多进递进拓展为主导，以横屋单侧或双侧长短为分布特征，以单进、多进院落联结为纽带，形成单、双侧布局的宅院体系。在独院的基础上，传统聚落居住空间的基本生成方式以"列"的拓展为主要特点。

琼北传统聚落将院落纵向拓展成"列"，横向布置成"行"，多"行"与多"列"聚集成村。因轴线的运用，传统聚落空间形态规整而严谨，聚落呈"梳式"布局和双箍式对称布局。

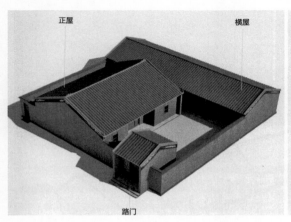
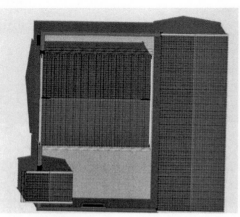

正屋　　横屋

路门

图3-1　琼北民居构成要素

第一节 ： 火山石民居

海南的传统火山石民居大多建于明清时期，现有火山石民居的木结构和瓦结构一般经过多次翻新，而火山石墙则一直使用至今。传统的火山石民居短面宽、长进深，户与户之间形成长巷，多排并排形成村落。

一、成因与分布

（一）成因

火山石传统民居的形成原因有三点：独特的火山口文化和丰富的火山石原料；外来移民文化引入，带来许多优秀的营建工艺；独特的气候条件造就特有的民居和村落样式。

（二）分布

海南现存完好的火山石传统民居主要分布于海口市西南部羊山地区，定安、澄迈县北部以及儋州市的木棠镇、娥曼镇。人们会根据家族男丁的成长而拓建火山石民居院落，当院落拓建到五进后又从旁边再起一个院子或在后面设路后再起院子。往往一个村落都由一个家族发展而来。

二、形制与构造

火山石传统民居的墙体以火山石堆砌形成，屋脊由木结构上覆盖瓦片构成。弯曲狭长的石巷，呈现出独特的村落风格。火山石民居的外墙呈深灰色，大多由不同大小、形状各异的蜂窝状火山石垒叠而成，没有规则感；少数外墙是由大小相同的、四周平整的火山石垒叠而成的，在过去，也只有有钱的大户人家才用得起这样的外墙（图3-2~图3-4）。

火山石民居主要院落形式有两种。一种为独院式，院子与院子不衔接，只能通过正房或大门进入，该院落形式为火山石传统民居的早期主要形式。另一种是街院式，出现在近现代，由2~5进正房与东面厢房构成，每个院子由内部巷道贯通。火山石民居有主屋与客屋，主屋用于祭祀供奉，客屋位于主屋前用于接待。

图 3-2　火山石民居巷道

图 3-3　火山石民居正屋屋顶木构造

图 3-4　火山石民居瓦屋顶构造

三、建造工艺

火山石民居主体由四面火山石墙、中间木结构墙，加上硬山木结构屋顶构成。火山石由于其坚固、耐久、取材方便被广泛用于建设，如地面、围墙、外墙、生活构件等。由于火山石的加工难度较大，火山石民居的建筑风格总体来说较为朴素、单一。

（一）墙体

琼北传统民居中，墙体按所处部位分为山墙、镜面墙、屋心墙等，山墙是民居中的横向外墙。山墙的作用主要是将房屋与外部建筑隔开，并具有防火的功能。台风也是影响建筑使用和居民生活的一大因素，因此山墙在此也被称为"风墙"。墙体构造主要有火山石无浆垒砌和石灰砂浆砌筑两种形式，无浆垒砌对石材加工要求很高。其中工艺和观感最好的堆砌方式是将火山石表面进行平整并切为方块后再进行堆砌，这样缝隙可以做得很小。但由于大部分住户经济能力有限，他们更加注重外表，此类房屋普遍不对内墙面进行修整，内墙还是较为粗糙的原始石块表面。

（二）屋盖

屋盖包括屋面、屋脊、檐口、规带等部件，是建筑的主要构成部分，它起着遮风避雨和隔热的作用。此外，在琼北地区，屋盖同时还作为房屋尺度的计量参考。出于抗风的考虑，房屋多为硬山式建筑。瓦以公瓦和母瓦按列相互交替排列，一行公瓦和一行母瓦称为一"路"，是房屋开间的计量单位，通常为奇数路。主屋有 13 瓦路、15 瓦路、17 瓦路三种，采用 17 瓦路可以彰显家族财力地位，一般两边卧室都是 13 瓦路。为了避免台风影响，还有做双层甚至多层屋盖的情况。为了加强屋面的整体抗风性能，有的屋盖上还将施以压瓦条，既可达到压住瓦片的目的，还同时满足屋面排水的要求。

（三）柱

琼北民居中最常见的承重方式为砖墙承檩式，较为高级的如侯家大院则采用插梁抬梁混合式。柱子多运用于檐廊等外部窄间。该地区雨量丰富且海风湿度大。为适应当地的气候条件，在柱子的选材上，琼北民居中的柱子形成了以下特点。

①出于防潮、防腐等需求，琼北民居中较少选取木柱作为竖向承重构件。

②海南地区缺乏上好的石材，石料多为质地较差的火山石，所以只有少数建筑中才有石柱。

③"一柱双料"。除柱础为石料雕刻外，柱身下部也会有微大一截石料，上部延伸一段木柱后再与屋顶部分的木梁架搭接。

四、典型建筑

（一）海口市旧州镇侯家大院

侯家大院是海南民居中的不可移动文物之一，占地面积4694.33平方米，完整地记录着火山石传统民居的发展与演变过程。整个大院共四通，每通三进四院，右两通最先修建，约有300余年历史。清末侯氏家族步入仕途，于是修建了左两通，用17瓦路。同时本阶段房屋屋顶开始出现龙凤灰塑，体现出侯氏家族在此地的尊贵地位。由于家族人口增长，左一通和右一通也在新中国成立前先后修筑起来，形成现在我们看到的整个侯家大院。侯家大院室内的大小木作

相当精细、丰富，而且保存完好，双喜窗花、吉祥托梁、神龛及神台、座椅家具，都很具有历史价值。建筑外墙上的彩绘距今120多年却依然栩栩如生，院子内的照壁灰塑造型优美，大门装饰丰富（图3-5~图3-16）。

图3-5　侯家大院鸟瞰图

图3-6　侯家大院右中路前堂

图3-7　侯家大院中堂

图 3-8　侯家大院庭院照壁

图 3-9　侯家大院庭院

图 3-10　侯家大院檐廊梁架木雕

图 3-11　侯家大院屋脊鸱吻

图 3-12　侯家大院檐廊柱础石雕

（二）海口市遵谭镇蔡泽东宅

　　蔡泽东宅是符合现代人生活习惯的火山石民居的典型代表。其形制是标准的二进三院，占地面积461.10平方米。前面的正屋为客屋，中间为主屋，后院设厢房。其功能结构完全符合现代人的起居生活，主屋加设配套卫生间、给排水系统，同时后院厢房有农具储存和作物加工的房间以及现代厨房。蔡泽东宅为东南朝向，中轴对称，照壁上刻"福"字，有鱼石雕，前院的铺地是统一的火山石铺地。院大门位于前院东侧，门上有丰富的木作雕花。主客屋的石作属于无浆砌筑，加工精细；木作也相当精美，距今有近70年历史，色泽依然鲜艳。中庭院是汇水庭院，象征着聚财，布置着许多水缸小品。后庭

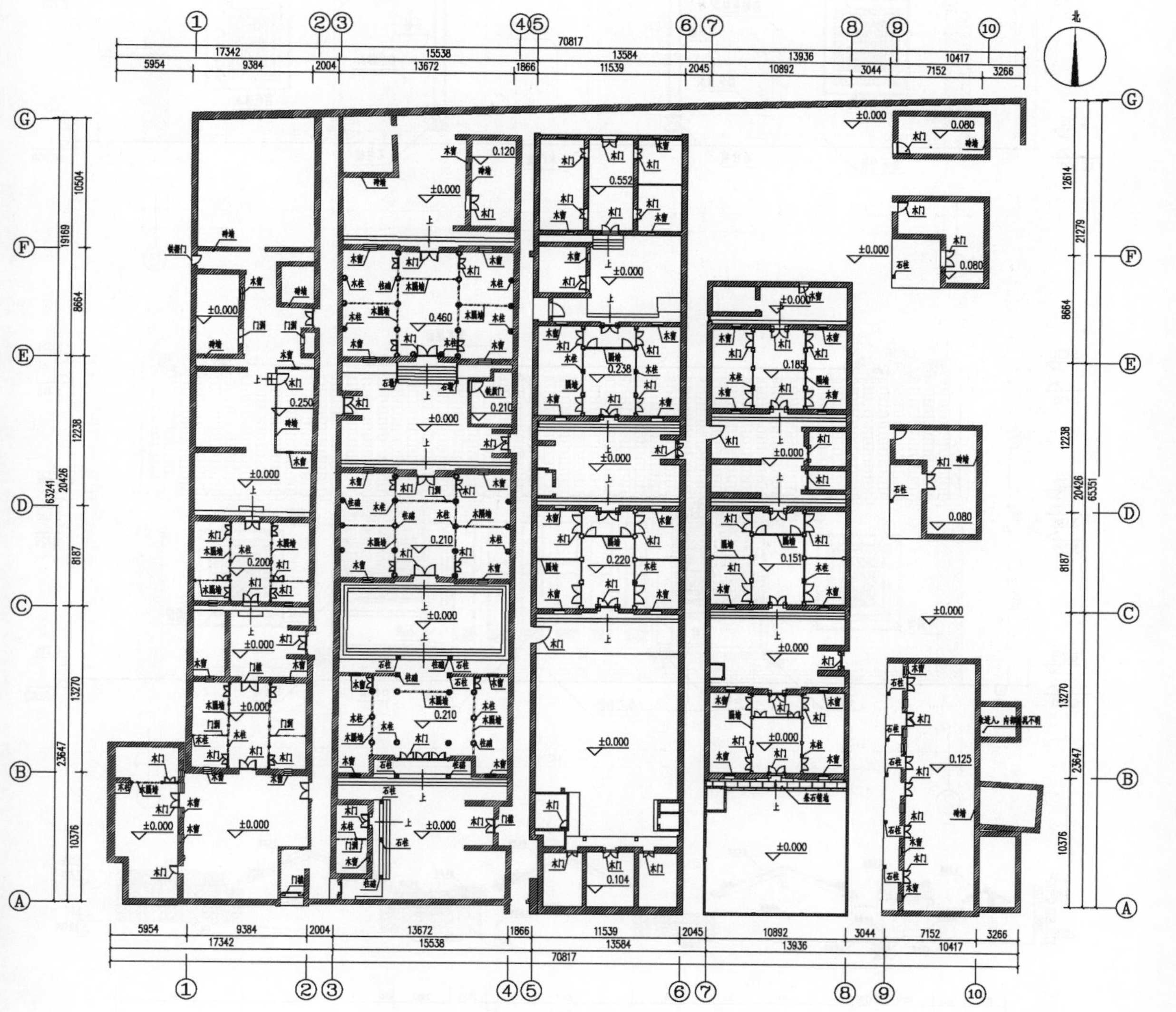

图 3-13 侯家大院平面图

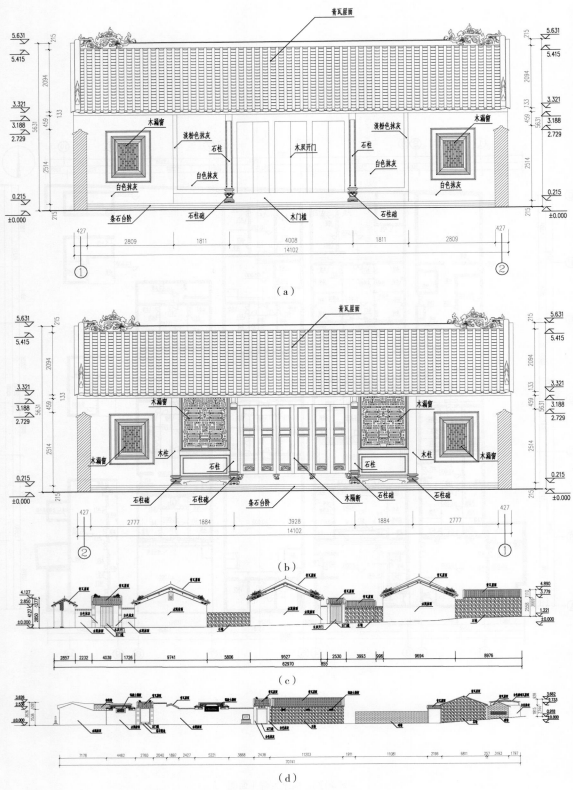

图 3-14 侯家大院立面图

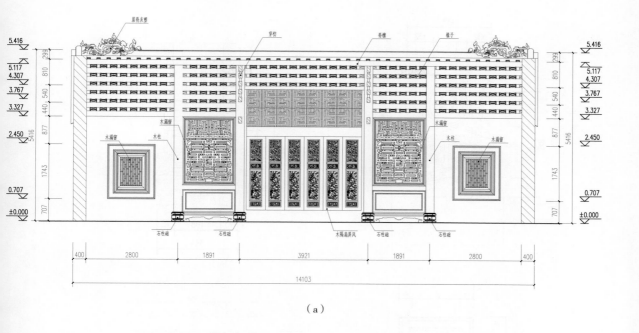

（a）

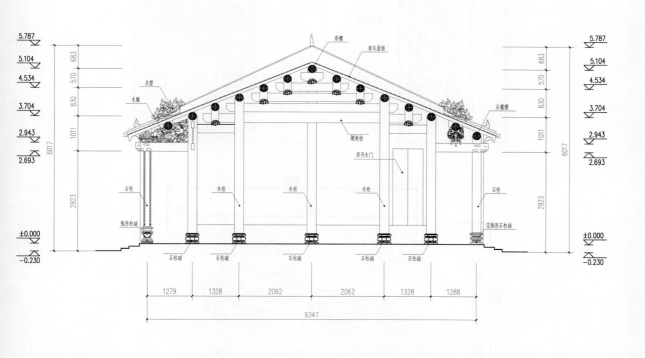

（b）

图 3-15 侯家大院剖面图

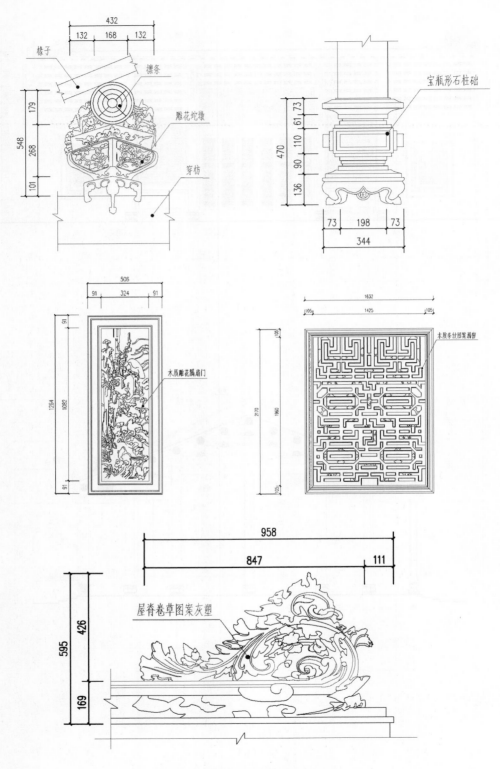

图 3-16　侯家大院节点构造图

院是生活庭院，单独设有进出院门（图
3-17~图3-25）。

图 3-17 蔡泽东宅照壁

图 3-18 蔡泽东宅大门

图 3-19 蔡泽东宅鸟瞰图

图 3-20 蔡泽东宅正屋

图 3-21 蔡泽东宅主屋

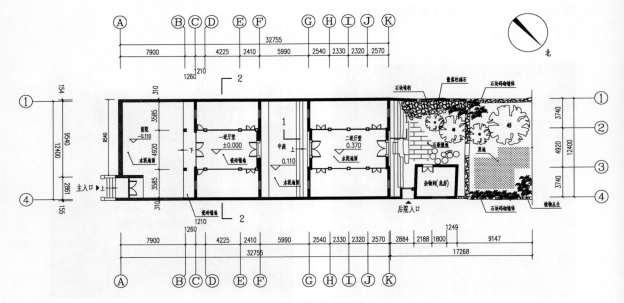

图 3-22　蔡泽东宅平面图

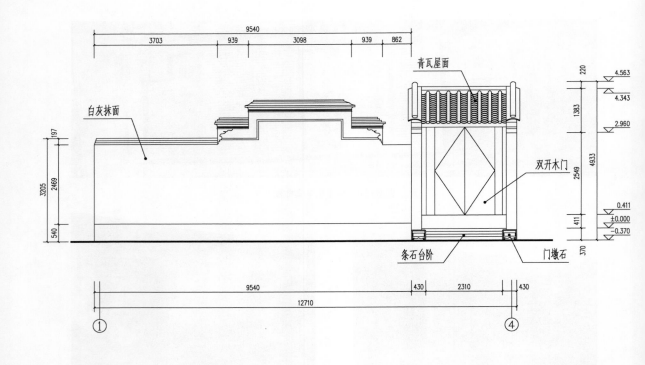

（a）

图 3-23　蔡泽东宅立面图

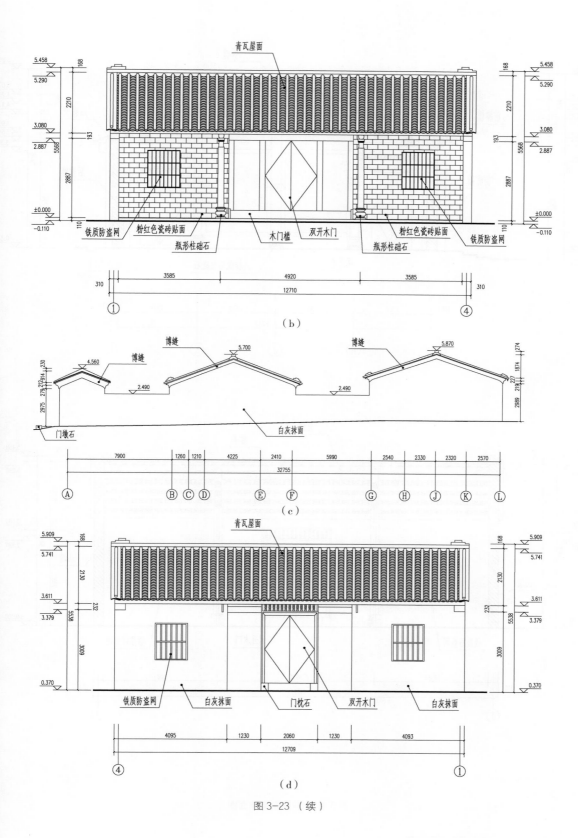

青瓦屋面

5.458
5.290
168
2210
3.080
193
2.887
5568
2887
±0.000
110
-0.110

铁质防盗网　粉红色瓷砖贴面　　　　　木门槛　双开木门　　　　　粉红色瓷砖贴面　铁质防盗网
　　　　瓶形柱础石　　　　　　　　　　　　　　瓶形柱础石

5.458
5.290
168
2210
3.080
193
2.887
5568
2887
±0.000
110
-0.110

310　　3585　　4920　　3585　　310
12710

① 　　　　　　　　　　　　　④

（b）

博缝
4.560　博缝　　5.700　　　博缝　　5.870
2.490　　　　　　2.490
门墩石　　　　　　　白灰抹面

7900　1260 1210　4225　2410　5990　2540 2330 2320 2570
32755

Ⓐ　　Ⓑ Ⓒ Ⓓ　Ⓔ　Ⓕ　Ⓖ　Ⓗ Ⓙ Ⓚ Ⓛ

（c）

青瓦屋面

5.909
5.741
168
2130
3.611
232
3.379
5538
3009
0.370

铁质防盗网　白灰抹面　门枕石　双开木门　白灰抹面

5.909
5.741
168
2130
3.611
232
3.379
5538
3009
0.370

4095　1230　2060　1230　4093
12709

④ 　　　　　　　　　　　　　①

（d）

图3-23（续）

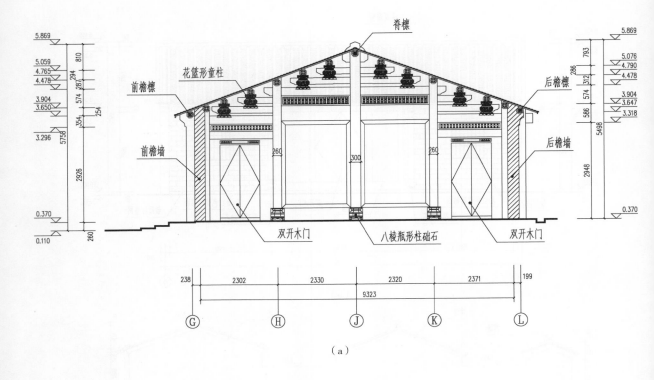

（a）

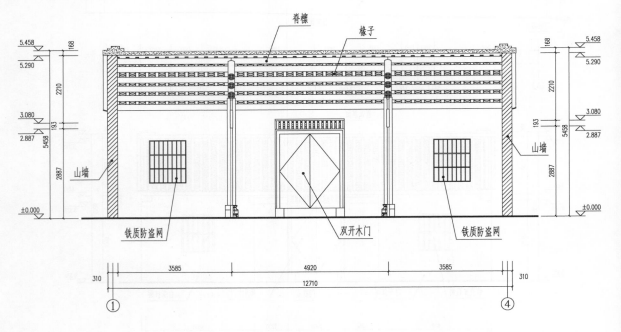

（b）

图 3-24 蔡泽东宅剖面图

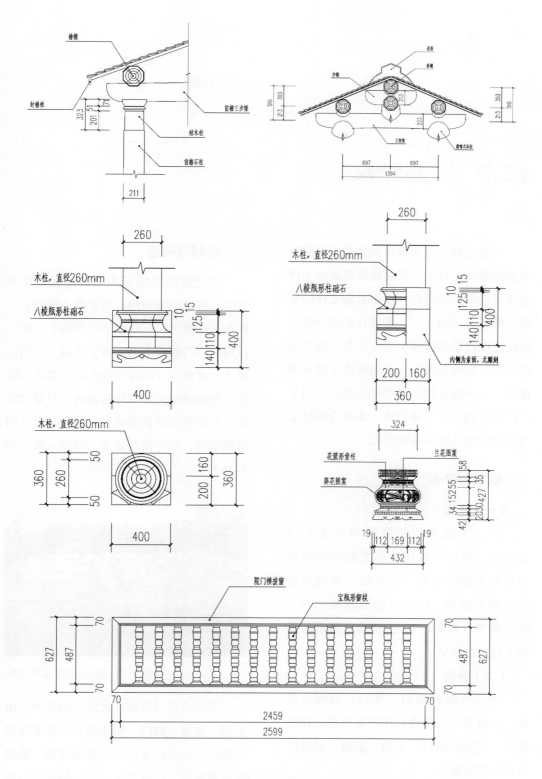

图 3-25 蔡泽东宅节点构造图

第二节　多进合院

海南民居与汉族地区其他传统民居有着相同的文化背景，都表现出院落和主体建筑对称布局的特点。由于大陆文化的影响、外来人口的迁入，多进合院在中国大陆传统四合院的基础上诞生，与海南当地的气候、文化相融合，逐渐形成了独立的体系，这一独立的体系在琼北地区得到了广泛的应用，并不断传承。多进合院已成为海南传统民居的典型形式。

一、成因与分布

（一）成因

由于大陆文化的影响和外来人口的迁入，多进合院传统形式的与闽南民居有着紧密的联系，它延续了闽南民居中的基本布局，同时结合琼北地区的气候、地理、材料、工艺等诸多因素，形成了独特的形式。

（二）分布

多进合院在海口、文昌、琼海、定安、澄迈等市县境内村庄均有分布，存量较多。其中以海口、文昌、琼海、地区的自然村最为集中。

二、形制与构造

多进合院延续了大陆传统民居中常见的合院式空间布局，如护厝（横屋）、榉头（厢房）、三间张（三开间），前厅设塌寿，门前设水塘。由于地域、气候、材质、文化等方面存在的差异，多进合院在长期的演变过程中逐渐形成了自身的特征。村落里所建房屋成行，每行 3 至 7 间房屋不等，每行横距相等，高度一致（图3-26）。

图 3-26　多进合院村落鸟瞰图

多进合院式传统琼北民居的基型是由正屋、横屋、路门、院墙等几个基本要素组成的。正屋以多进平行叠加建设，横屋附属于正屋，以垂直于正屋的朝向一行或多行建设。路门可以与正屋朝向平行布局，也可与横屋并排布局，正屋、横屋和路门由院墙围合成院落，多进合院都是以这些要素、基本型的重复、演变而形成。

三、建造工艺

多进合院传统墙体材料以青砖为主，应用广泛。此外，由于琼北地区曾被火山石和植被覆盖，因此通常用于建造房屋的墙体材料是当地的火山石。由于海南岛独特的岛屿气候，抗风性是建筑需要考虑的主要因素，因此硬顶是多进合院最常见的屋顶形式。多进合院常见的地面有灰格地面、水泥（混凝土）地面、地砖地面、木地板、青砖地面等，其中灰格地面和青砖地面是早期的传统地面。多进合院内外均为砖墙承檩式结构。多进合院坡屋顶梁框架与大陆民居相似，仍为木梁框架体系，但规格、组合方式略有不同。

多进合院建造工序沿袭了闽南地区的很多习惯，同时也有其自身形成的习俗和特色。根据施工的先后顺序，多进合院的建造通常有以下工序。

①选址定位。以前，海南民间认为宅地的选址与房屋主人的凶吉祸福有着密切的关联，因此非常注重宅地的坐落朝向。在建屋之前，房主必先请风水先生来选址定位。在民居的建造中，风水先生实际上起着类似如今规划师的作用。风水先生择定吉日良辰后，形成进度安排，统一列于一张红纸上，这份规划也被称为"日书"（图3-27）。

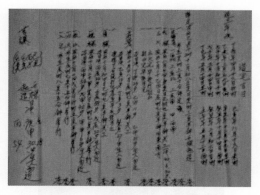

图3-27　文昌清澜南海村林宅的建房"日书"

②出火、拆旧房。房屋需要在原址上重建时，在动工前必须将祖宗牌位请出正屋，称为"出火"。接下来拆掉原有房屋，将保留完好的砖、瓦及其他的构件储存起来，以便于用于新建房屋中。

③放线。由木工确定正屋平面的几何中心，根据屋主的社会地位和财力定取房屋规格。选用方形石砖或呈六角形状的方石作为主公枯，定于房屋的中心。以主公枯为中心用墨斗向四周放线，定四向、定外墙线。至此，房屋的具体方位、规格都已设置完毕，即可动工兴建。

④开地基。动工挖槽，称为"开地基"。一般基槽开挖好之后即可动工修建墙体。

⑤起墙脚。基槽开挖之后接着垫墙基、砌墙脚，当地称为"起墙脚"（图3-28）。琼北传统民居以山墙承重，先由泥工中的大师傅起四面山墙，再由其他师傅砌中间的横墙，先按左右偏房留门框，砌至窗口留窗框，最后留出横墙上的厅门门框以及后门门框（图3-29）。

图 3-28 起墙角

图 3-29 定门框

⑥结墙尾。这是墙体砌筑最后的收尾仪式，其尾端已基本呈现山墙的形态。施工程序至此，墙体的建造基本完成（图3-30）。

⑦升梁。在琼北地区通常选用上好的菠萝蜜树干、椰子树干以及海棠树干为

图 3-30 结墙尾

梁，其中菠萝蜜树干用得最多。升梁即为上梁，是房屋施工中的重要工序。

⑧上圆钉菊。即将所有的圆木（又称"檩"）架上山墙，用木钉将菊（又称"椽"）固定在圆木上。

⑨屋盖建造（压脊）。升梁之后，先上圆钉菊，再铺瓦压脊。在脊圆之上铺设公瓦，上铺灰浆。瓦由中脊向檐口铺设，母瓦直接铺设于椽之上，公瓦扣于两行母瓦间隙之上。屋顶均采用硬山顶，屋面采用母瓦（板瓦）屋面，公瓦（筒瓦）作边，有的大户人家采用双层瓦面，中间留有空气层。

⑩装饰。房屋装饰包括立面造型、屋顶装饰等，装饰手法包括灰塑、彩绘、木雕、石雕等。

⑪升堂、归火。所谓"升堂"即是登上厅堂，"归火"即为将祖公阁请回正屋内。

四、典型建筑

（一）文昌市富宅村韩家宅

韩家宅（图3-31~图3-39），位于文昌市宝芳圩富宅村，是旅泰富商韩钦

图 3-31　韩家宅门楼

图 3-32　韩家宅木雕

图 3-34　韩家宅庭院

图 3-33　韩家宅壁画彩绘

准于 20 世纪 30 年代返乡所建。2013 年 5 月，韩家宅被公布成为第七批全国重点文物保护单位。

　　韩家宅占地面积 1405.92 平方米，坐北朝南，部分预制混凝土柱是由泰国运回并聘请南洋工匠来海南建造的；屋顶原

图 3-35　韩家宅预制混凝土柱及清水墙

有灰塑装饰，后来被毁坏；其中最为特别的是宅中的清水墙，主要材料是石灰和白格土，整个墙面不批荡。韩家宅为四进正屋单横屋式院落，四面有高院墙围护，南

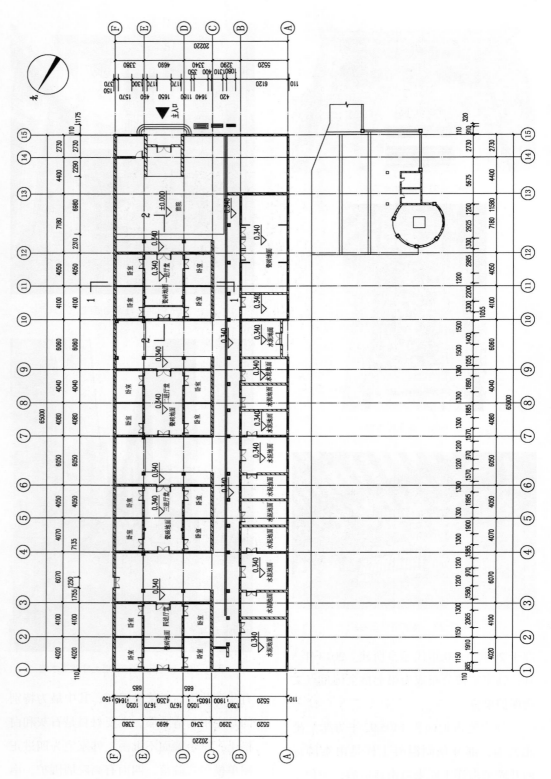

图 3-36　韩家宅平面图

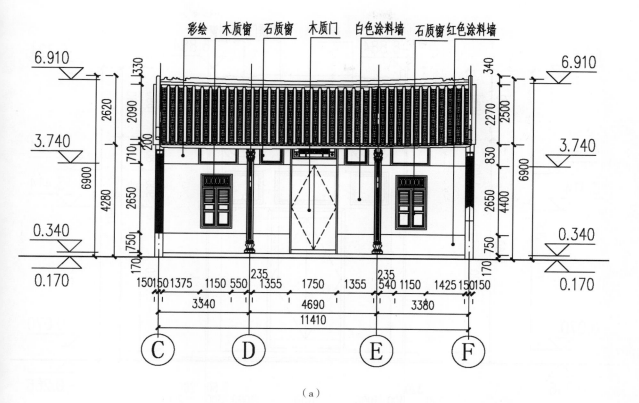

（a）

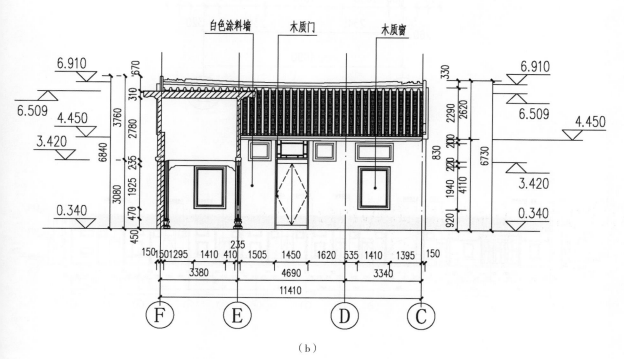

（b）

图 3-37　韩家宅立面图

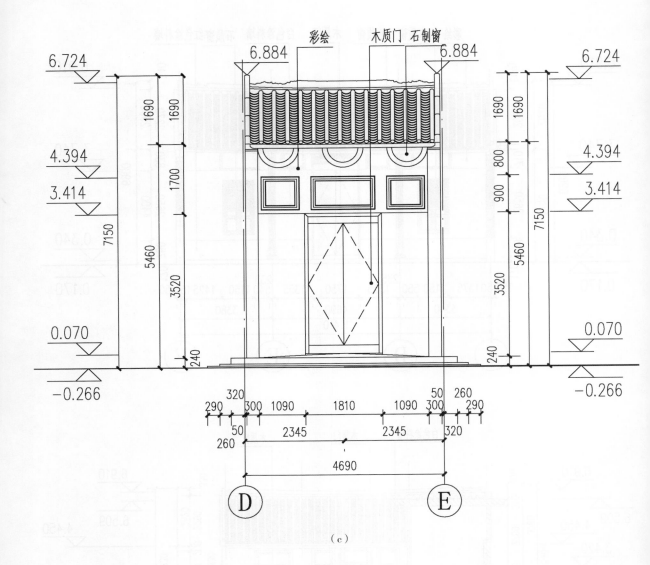

（c）

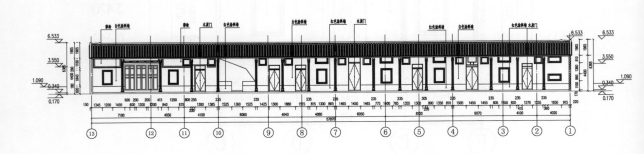

（d）

图 3-37（续）

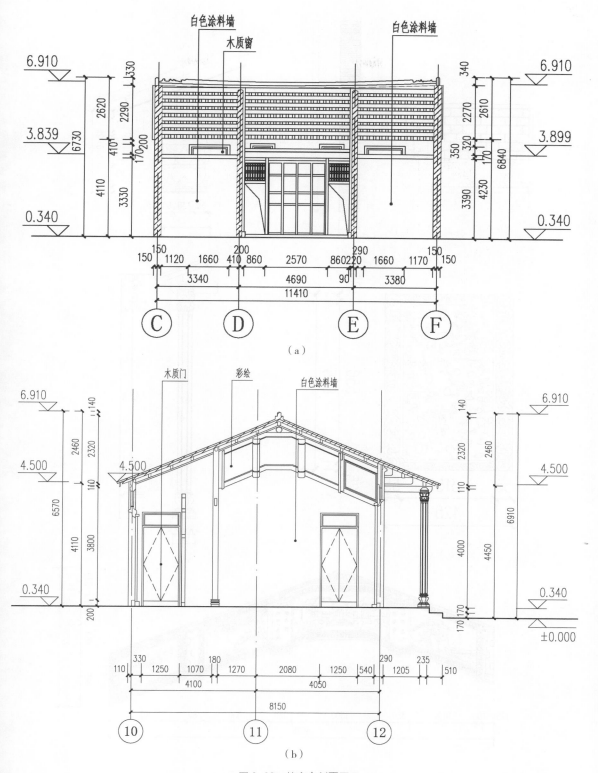

（a）

（b）

图 3-38　韩家宅剖面图

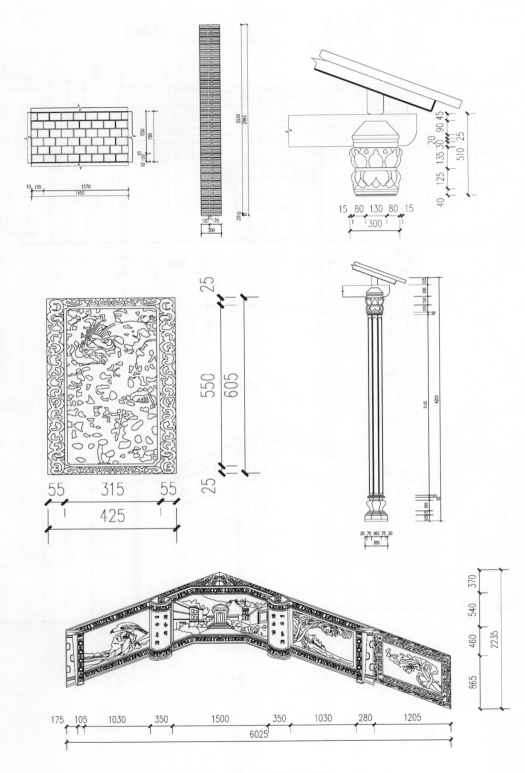

图 3-39　韩家宅节点构造图

面为照壁，左侧为路门，路门建有硬山顶门楼，与正屋同向。院内有四进硬山顶正屋，四进正屋之间形成三个庭院，后三进正屋形成的两个庭院东侧凹廊建有混凝土结构的二层纳凉门楼，第四进内设有供奉祖宗牌位的神龛。一排横屋位于西侧，共九间。正屋及横屋的两侧山墙均开有用于通风的圆形高窗，圆窗外以灰塑装饰，饰有象征着吉祥如意、福寿安康的中国传统装饰图案。韩家宅也因其精妙的雕饰和丰富的彩绘艺术被称为"文昌华侨住宅彩绘百科全书"。

（二）文昌市文城镇陈明星宅

陈明星宅（图3-40~图3-52），位于文昌市文城镇南海村委会义门二村，始建于二十世纪初期，至今已有上百年历史。2012年9月被文昌市人民政府公布为文物保护单位。

陈明星宅坐东南朝西北，横屋位于东北面，路门向西南，砖木瓦结构、硬山顶，由单纵轴线三进正屋、一侧七间横屋组成，占地面积813.82平方米。第二进正屋中堂悬有张岳崧题"佩实含华"四字木匾，一、二进正屋铺设二十世纪初城市大型建筑中常用的红、黑、褐色的地板砖。两进正屋之间设有过庭廊，第一进正屋使用了民居中较为罕见的插梁式构架，次间与明间之间用木梁柱加木板分隔，中间镶嵌六扇对开木

门，木门上半部分均为木格栅，显得通透、美观。第二进正屋为祖屋，内设有供奉祖宗牌位的神龛。陈家宅的前院颇具特色，除路门为两层门楼外，门楼两侧还各有两小间，可以作为冲凉房。正屋正对面设置了一座罕见的大型照壁，其上有两扇大型红双喜带蝙蝠装饰的漏窗。该宅多处木质构件雕刻精美，且木材均为黑盐木和石盐木，具有较浓厚的海南传统民居建筑特色。

（三）文昌市文城镇陈治莲宅

陈治莲宅位于文昌市会文镇沙港村委会义门三村，占地面积1082.37m²，由陈氏两兄弟于1919年建成。陈治莲宅为四进正屋单横屋式院落，正屋坐西北向东南，横屋位于东北面，路门向西南。四进正屋之间设有过庭廊连接，第一进正屋使用了民居中较为罕见的插梁式构架，次间与明间之间用木梁柱加木板分隔，中间镶嵌六扇对开木门，两边为两组对开高木门，木门上半部分均为木格栅，显得通透、美观。第三进正屋为祖屋，内设有供奉祖宗牌位的神龛。陈治莲宅的前院颇具特色，除路门为两层门楼外，门楼两侧还各有两小间，可以作为冲凉房。正屋正对面设置了一座罕见的大型照壁，其上有两扇大型红双喜带蝙蝠装饰的漏窗，照壁前还设置一处小花园（图3-53~图3-61）。

图 3-40 陈明星宅

图 3-43 陈明星宅彩绘壁画

图 3-41 陈明星宅内照壁

图 3-44 陈明星宅雕花木门

图 3-42 陈明星宅六扇对开木门

图 3-45 陈明星宅灰塑

图 3-46　陈明星宅木门雕刻

图 3-47　陈明星宅屋脊鸥吻

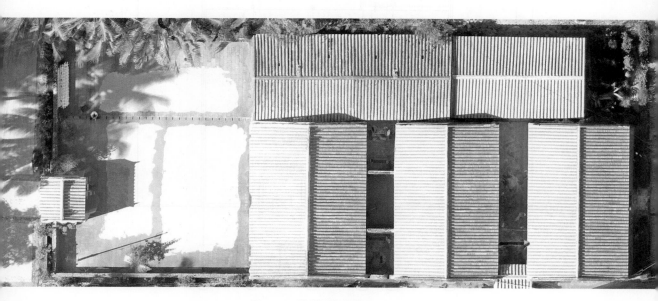

图 3-48　陈明星宅鸟瞰图

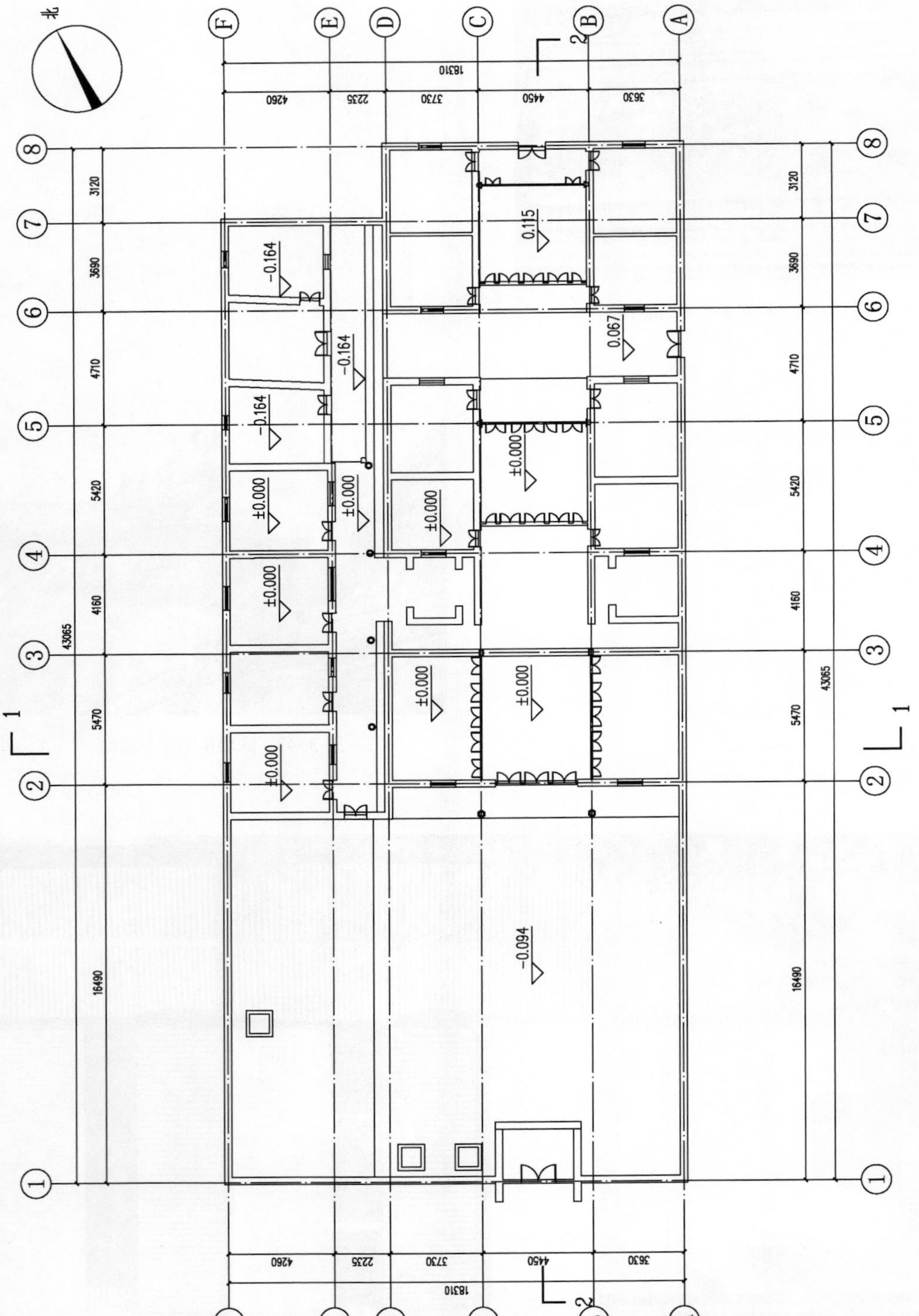

图 3-49 陈明星宅平面图

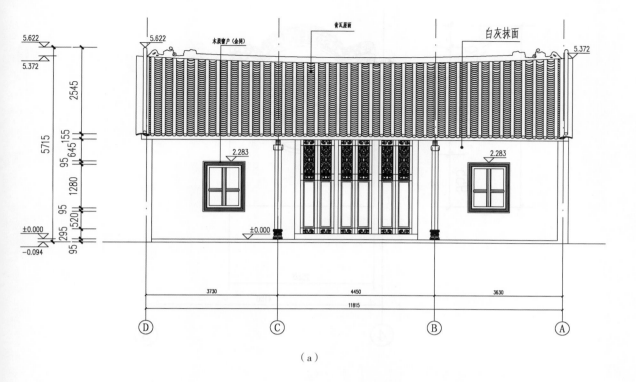

（a）

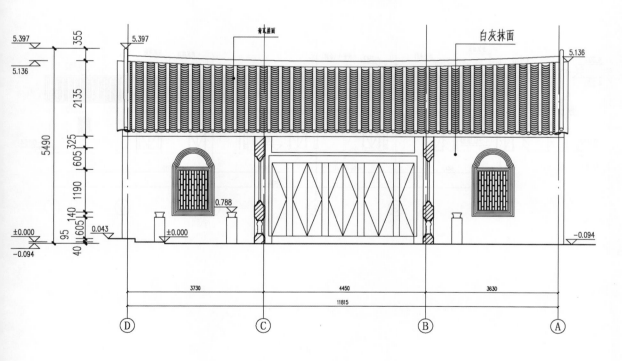

（b）

图 3-50 陈明星宅立面图

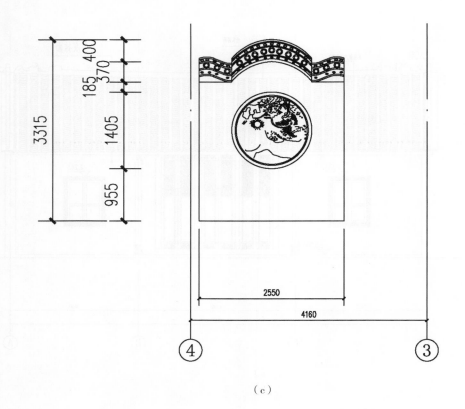

（c）

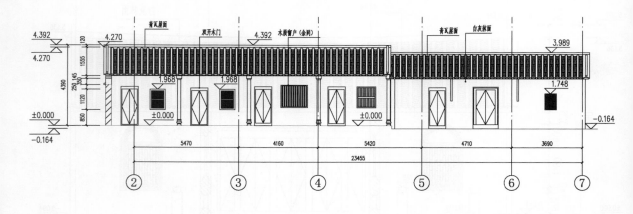

（d）

图 3-50（续）

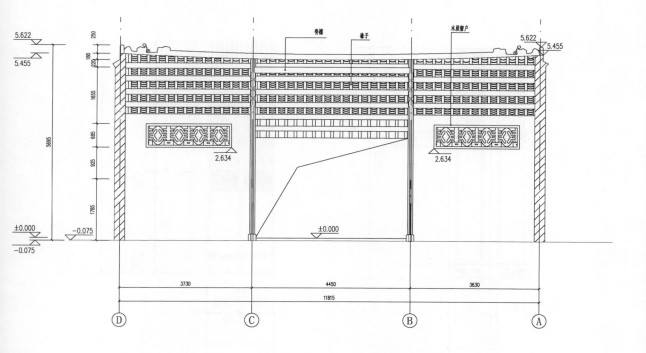

（a）

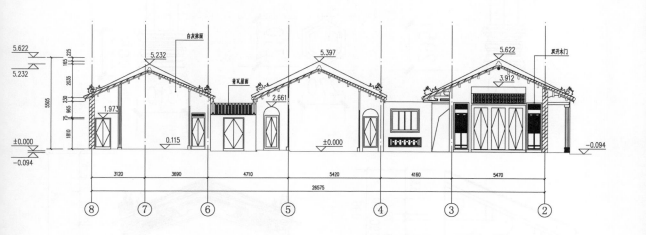

（b）

图 3-51　陈明星宅剖面图

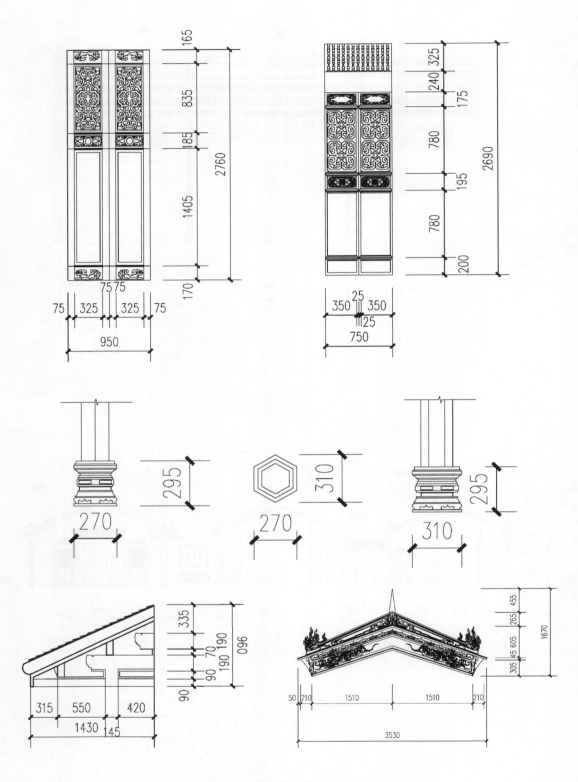

图 3-52　陈明星宅节点构造图

图 3-53　陈治莲宅鸟瞰图

图 3-54　陈治莲宅正屋

图 3-55　陈治莲宅内部细节

图 3-56　陈治莲宅照壁与小花园

图 3-57　陈治莲宅照壁上的红双喜蝙蝠漏窗

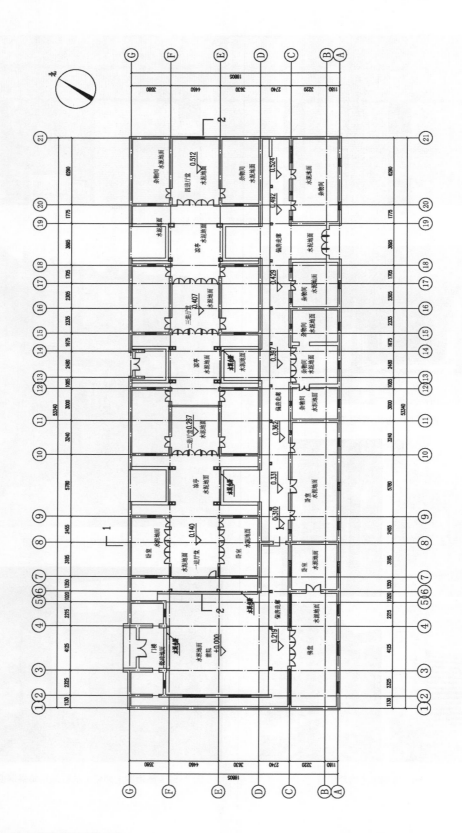

图3-58 陈治莲宅平面图

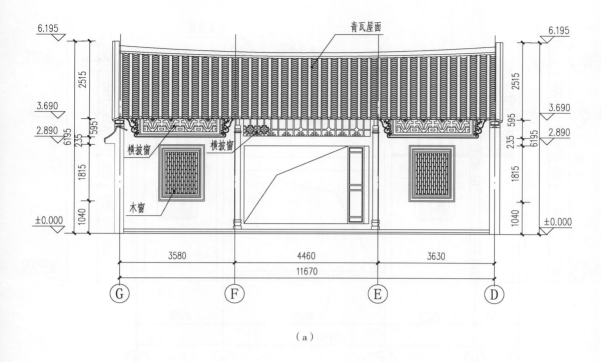

（a）

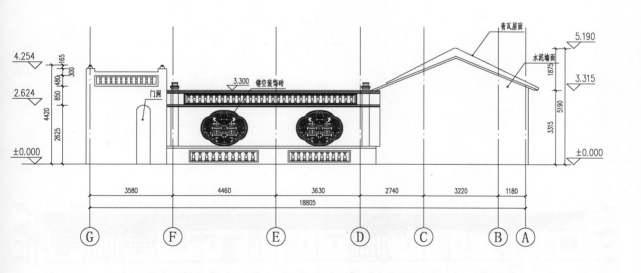

（b）

图 3-59 陈治莲宅立面图

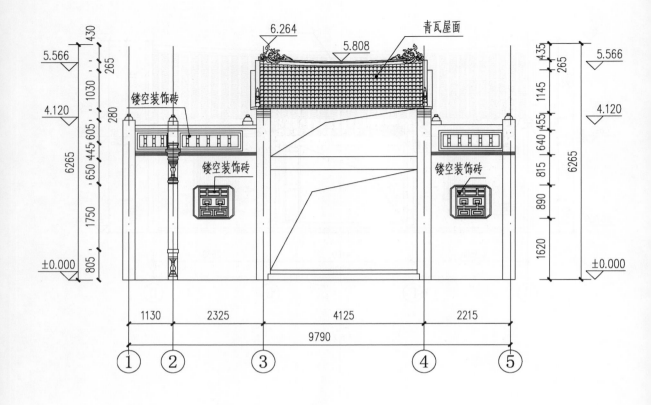

（c）

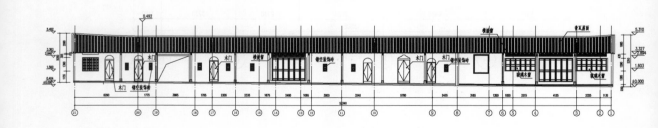

（d）

图 3-59（续）

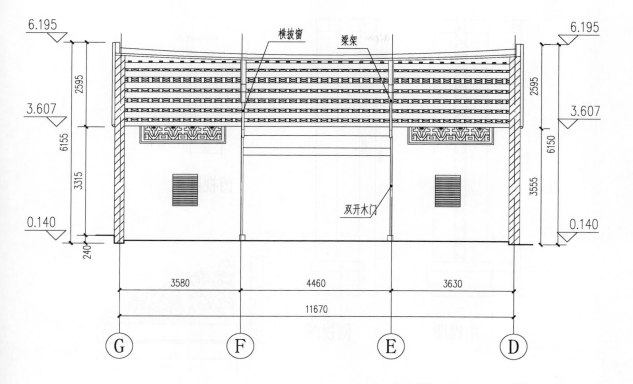

（a）

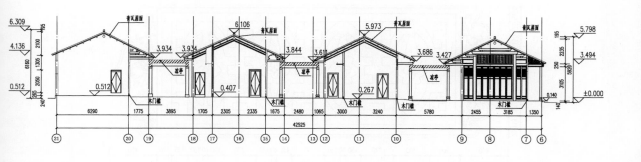

（b）

图 3-60　陈治莲宅剖面图

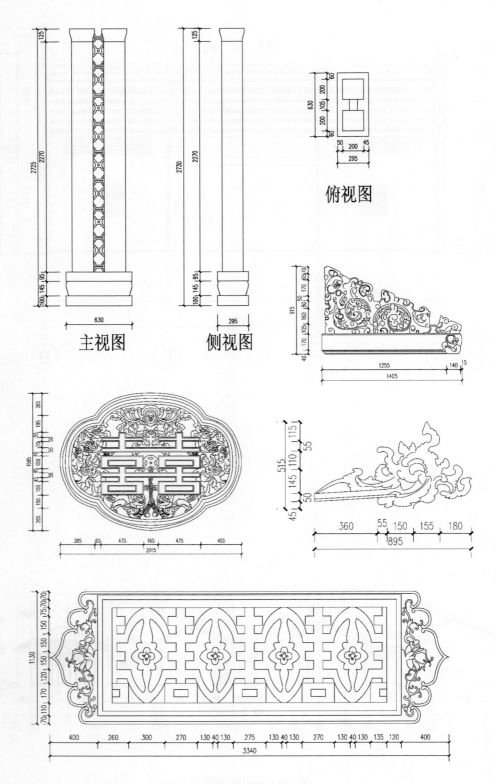

俯视图

主视图

侧视图

图 3-61　陈治莲宅节点构造图

第三节 ┆ 南洋风格民居

有些旅居在南洋的华侨回国在海南建房，因此，琼北传统民居呈现出"南洋风格"的建筑形态，这种风格的民居基本类型与琼北传统民居基本类型类似，但在外观装饰、空间布局、构件和规模等方面都发生了一些变化，形成了具有琼北特色的南洋风格民居。

一、成因与分布

（一）成因

南洋风格被侨民引入琼北地区后，由于受本土传统文化、地理气候等因素，还有侨民自身的资金、审美、文化层次和专业素养等各方面原因的影响，形成了现在独具特色的南洋风格民居。

（二）分布

南洋风格民居在琼北地区海口、文昌、琼海、定安等市县境内部分村庄有分布，存量较少，现保存完好的南洋风格民居大多是在20世纪初至20世纪30年代这段时间集中建造的。

二、形制与构造

南洋风格民居均以2~3层为主。主要特点是中外结合，平面布局、屋顶、门楼均沿用海南传统民居样式，而在正屋的连接部位、房子的外廊上采用具有南洋特色的拱券，并在拱券相连的柱子上运用线条进行装饰，突出了异国情调。

南洋风格的引进对琼北传统民居产生了影响，但并没有改变其基本要素，而是根据屋主的南洋背景、学识、身份、地位等方面的不同做出不同的介入和表达。如增加了中轴线上连接前后正屋的过庭廊和柱廊；正面院墙增设二层跑马廊，正屋前后出现带檐柱或拱券的檐廊（图3-62、图3-63）；民居外围墙体更加封闭，少数还布置了小型堡垒、带枪眼的二层门楼，防御性大大增强；路门还常常会设置休闲的亭廊。

图 3-62　南洋风格民居拱券细部

图 3-63　南洋风格民居建筑二层门楼局部

三、建造工艺

南洋风格传统民居在材料和技术上不仅延续了传统砖木材料和结构的应用，还引进了钢材、水泥和钢筋混凝土技术；在空间和造型上增加了跑马廊、过庭廊、山花、柱式、碉楼、门楼等，特别是出现了适合炎热地区的柱廊、二层凉亭、二层楼房、两层通高的掛厅等建筑形式；在装饰部件上还增加了大量的预制构件。

近代的南洋风格民居采用了自东南亚引进的建筑材料和施工技术，在琼北传统民居的硬山揭檩、插梁式构架基础上有了新的突破。南洋风格民居在本土传统的砖木结构基础上引进了先进的钢材、水泥（红毛灰）和钢筋混凝土建造

技术，让建筑在垂直空间上出现了新的变化，增加了建筑层数。

南洋风格传统民居的总体布局、侧路门、横屋、正屋、屋顶等采用的是本地传统民居的形式，横屋墙壁顶端也采用了本地的花、草、鸟和走兽彩绘图案。而大门、纳凉楼、正屋墙体、门窗、前后廊道、天井等采用的是南洋骑楼建筑风格，墙体、柱尖、栏杆、门窗等则采用南洋欧式泥塑雕花的做法。除了平面的布局之外，其屋顶的修饰和侧边门楼的细节修饰，都沿用木雕、石雕、灰塑等传统工艺。

四、典型建筑

（一）文昌市文成镇松树大屋

"松树大屋"（图 3-64~ 图 3-71）位于海南省文昌市文成镇头苑办事处玉山村委会松树村。松树大屋由新加坡华侨商人符永质、符永潮和符永秩三位同胞兄弟共同出资，于 1915 年开始建造，历时三年建成。建筑坐东南向西北，占地面积 1854.94 平方米。松树大屋为三进单横屋式院落，三进正屋均有两层，正屋前廊建有楼梯通往二楼阳台。单行横屋共有九间，正屋之间由两层过庭廊连接，两侧为庭院。正屋二楼正面有伊斯兰风格窗户、拱券装饰，横屋木门窗上的雕刻精致美观。正屋、庭院、横屋之间采用"飞扶壁"与"骨架券"结构，依靠半圆形的拱券来承受屋顶的重量，这样的建造技术在当年是很少见的。木雕、石雕以及灰塑等传统工艺在松树大屋中也有大量的应用。

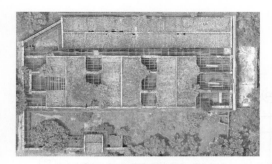

图 3-64　松树大屋鸟瞰图

图 3-65　松树大屋过庭廊

图 3-66　松树大屋拱券

图 3-67　松树大屋伊斯兰风格窗户

（二）文昌市会文镇林家宅

林家宅（图 3-72~图 3-80）位于海南省文昌市会文镇冠南办事处欧村，由林尤番在香港经商的儿子出资兴建，于 1939 年建成，占地面积 1061.90 平方米。林家宅为两进正屋双排横屋两层院落，中轴对称，坐北朝南。正屋之间设过庭廊，横屋设跑马廊、飘檐。两进正屋为硬山搁檩造，檩条木材均采用正宗的坤甸木。横屋内部隔墙采用了用钢筋水泥材料制作的三角形梁作为支撑。正屋与横屋之间的跑马廊亦为钢筋混凝土的框架结构。两层的门楼为钢筋混凝土框架结构，门楼造型及装饰类似南洋骑楼式小洋楼。

（三）琼海市博鳌镇蔡家宅

蔡家宅（图 3-81~图 3-91），位于琼海市博鳌镇留客村。蔡家宅有着"侨乡第一宅"之誉，是村中印尼富商蔡家森回乡后于 1934 年建成的，宅院坐东北朝西南，由四座砖混结构建筑组成。老宅屋顶既保留了海南民居的飞檐翘脊，又融合了西方的方、圆、弧形线的图案浮雕。2006 年 5 月蔡家宅被列为国家级重点文物保护单位。

蔡家宅建筑工艺的先进性体现在其灰塑工艺上，宅院门额窗框，山墙顶端的山花，屋檐上的翘头、鲤鱼嘴等均采用灰塑工艺。在海南民居还在使用青砖时，蔡家宅已经用上了从印尼运回的钢筋水泥。这也是海南第一座使用钢筋混凝土来营建的民居建筑。蔡家宅外观与造型具有时尚性，采用了色彩艳丽的花纹瓷砖，有西方

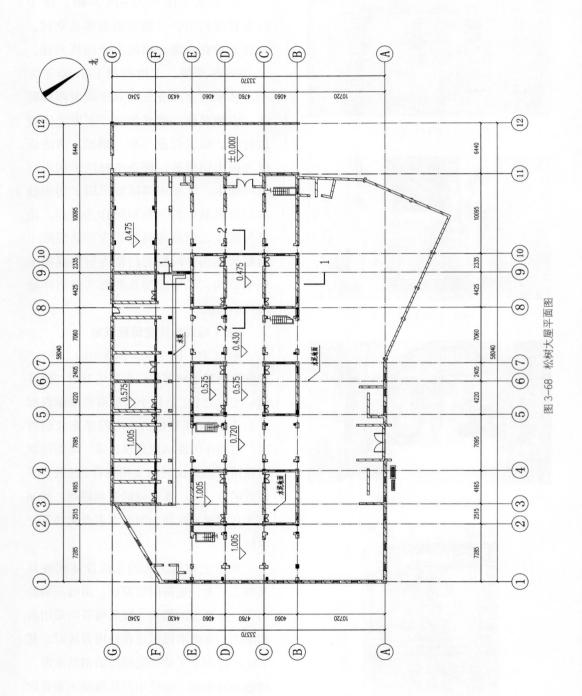

图 3-68 松树大屋平面图

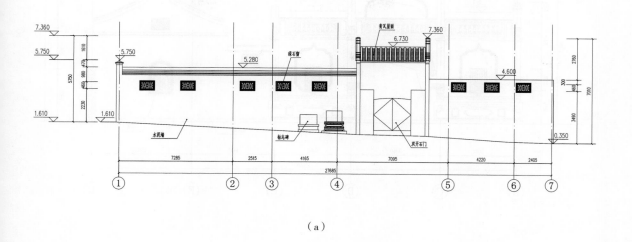

（a）

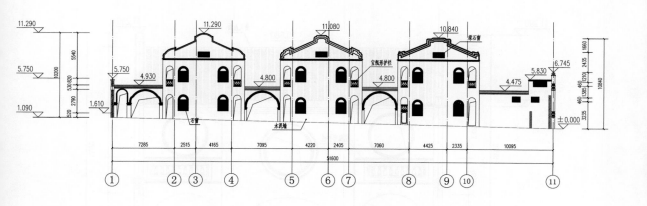

（b）

图 3-69　松树大屋立面图

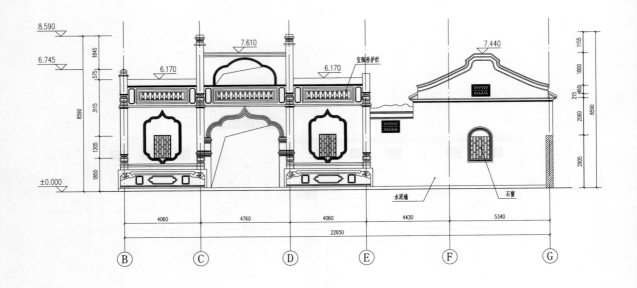

（c）

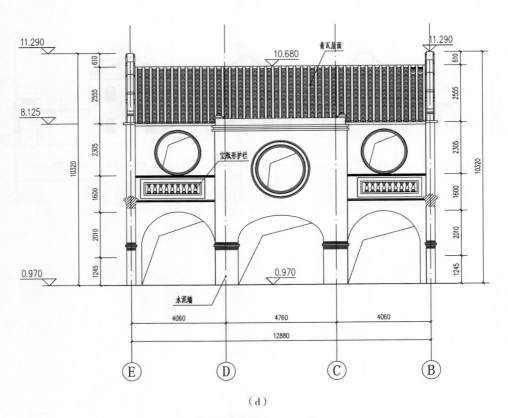

（d）

图 3-69（续）

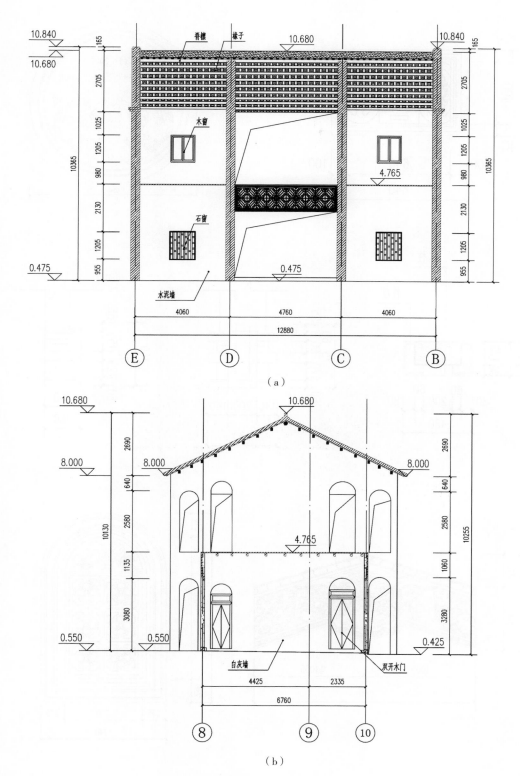

（a）

（b）

图 3-70　松树大屋剖面图

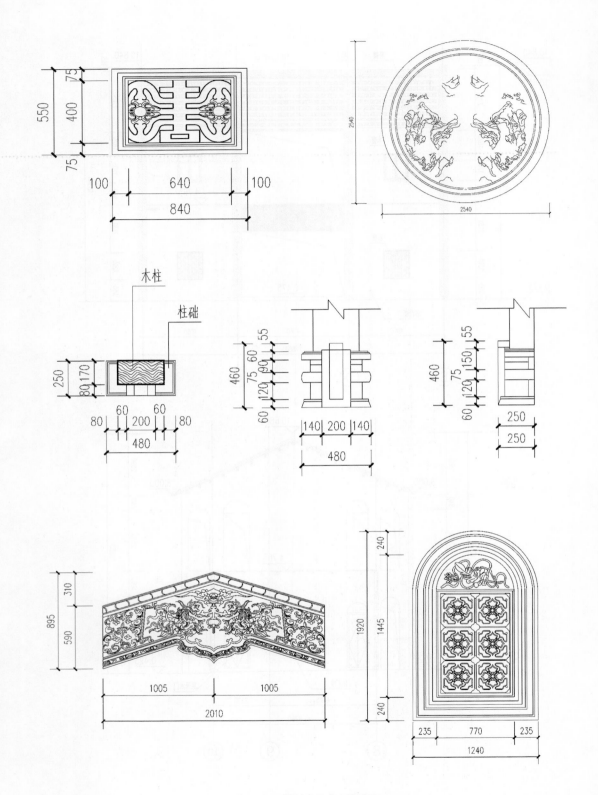

图 3-71 松树大屋节点构造图

图 3-72　林家宅鸟瞰图

图 3-75　林家宅门楼局部造型及装饰

图 3-73　林家宅（双桂第）门楼

图 3-76　林家宅内石雕

立体花盘和古罗马人头像雕塑，还有欧式方柱。蔡家宅功能上做了防风设计：建筑选址背山面水、城堡围合式设计、双护厝设计、背风向开门。防雨方面，檐廊与回廊做了骑楼式设计，有双鱼吐水的采水设计及地面暗渠的排水设计。

　　蔡家宅自 1934 年建成，至今依旧完整地呈现在世人眼前，宅院里蔡家的故事更是历久弥新，是近代海南华人华侨在外奋斗拼搏的历史缩影。

图 3-74　林家宅二层过庭廊

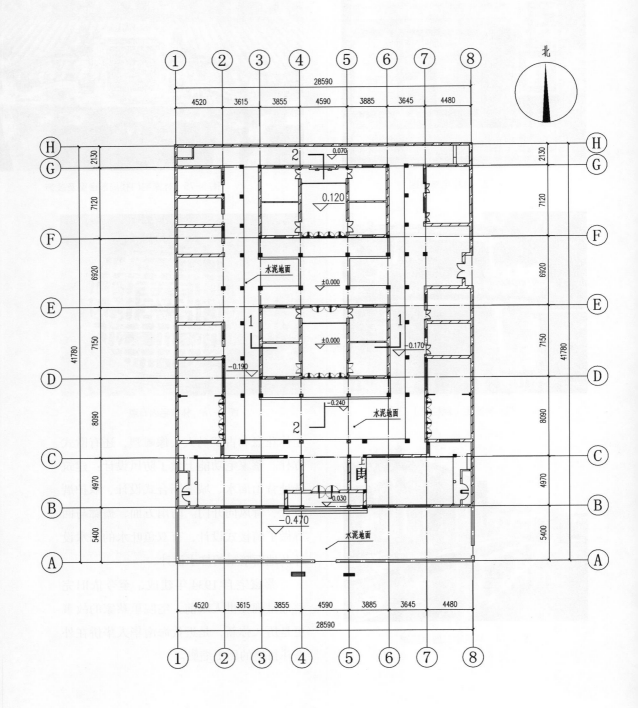

图 3-77　林家宅平面图

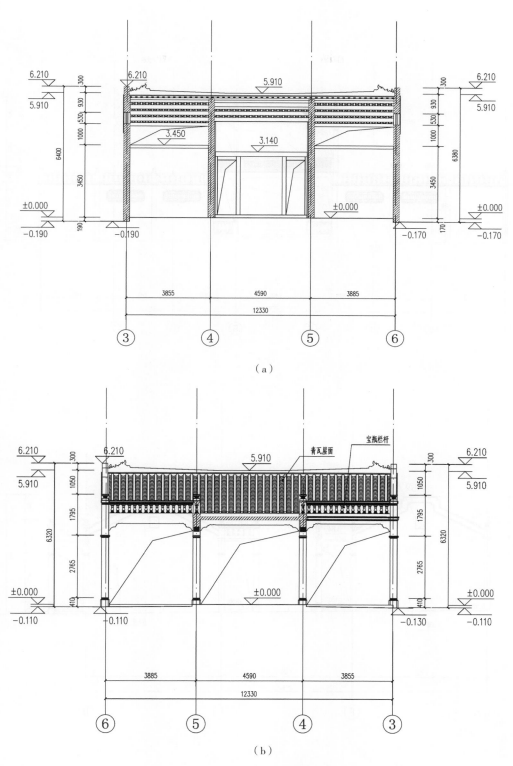

（a）

（b）

图 3-78　林家宅立面图

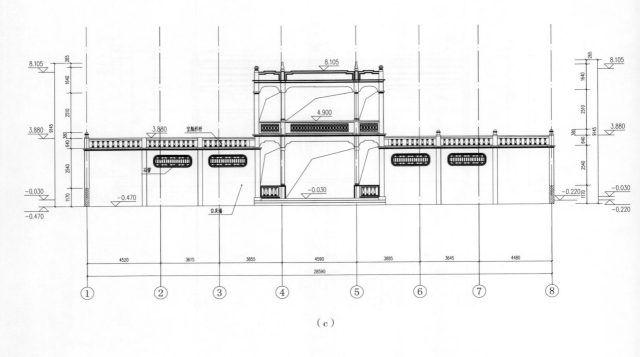

（c）

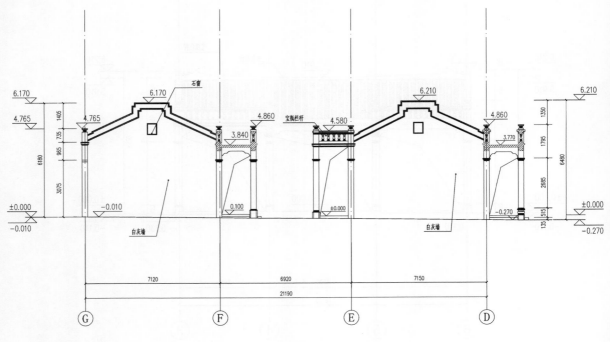

（d）

图 3-78 （续）

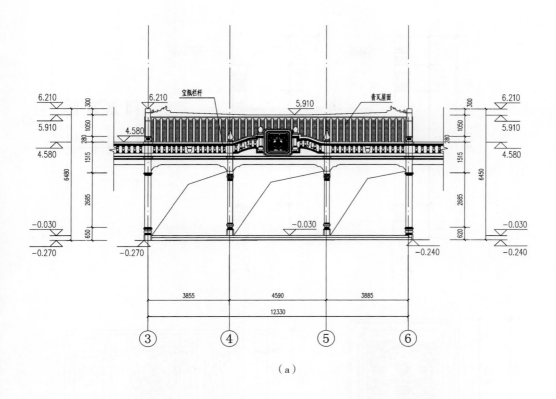

（a）

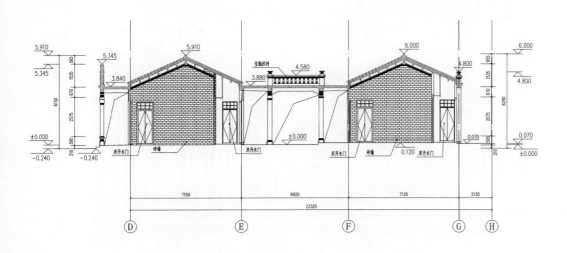

（b）

图 3-79　林家宅剖面图

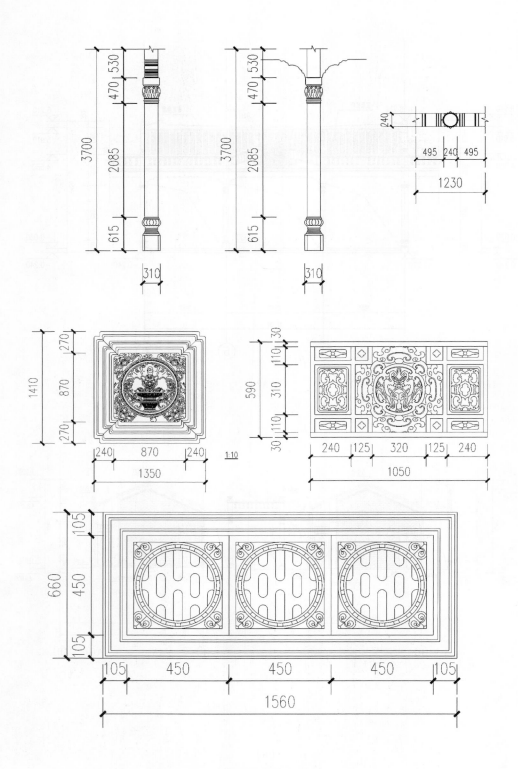

图 3-80　林家宅节点构造图

图 3-81　蔡家宅建筑外貌

图 3-82　蔡家宅后院厅堂室外立面图

图 3-83　蔡家宅建筑外墙 1

图 3-84　蔡家宅建筑外墙 2

图 3-85　蔡家宅室内陈设装饰 1

图 3-86　蔡家宅室内陈设装饰 2

图 3-87　蔡家宅院内

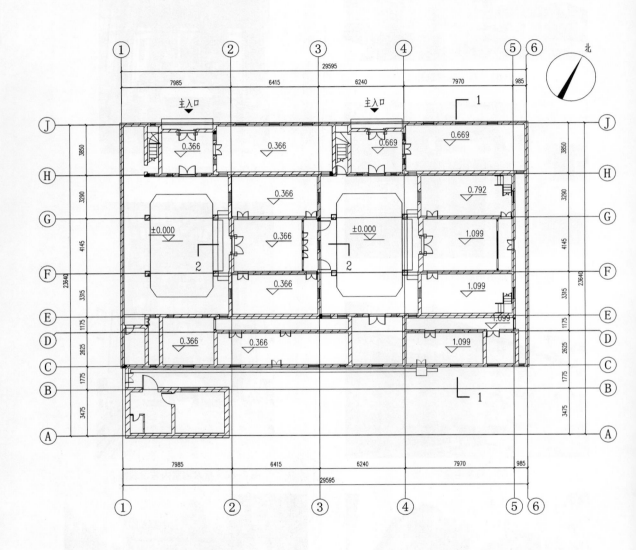

图 3-88 蔡家宅平面图

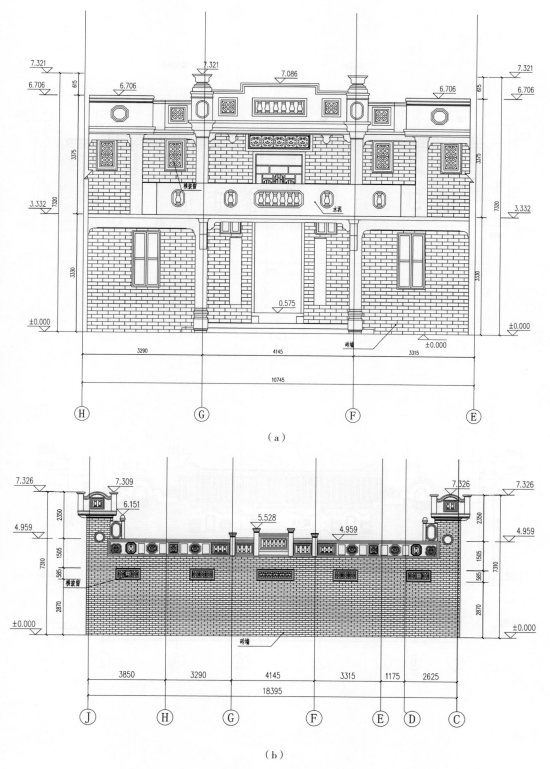

（a）

（b）

图 3-89 蔡家宅立面图

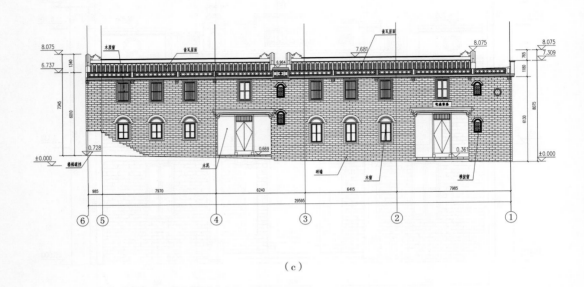

（c）

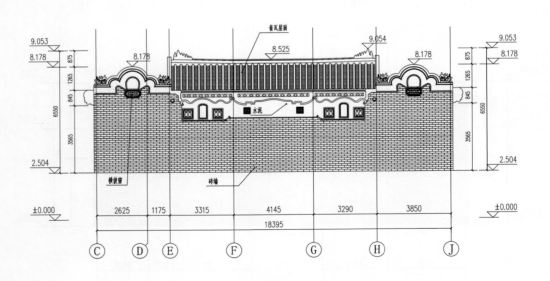

（d）

图 3-89 （续）

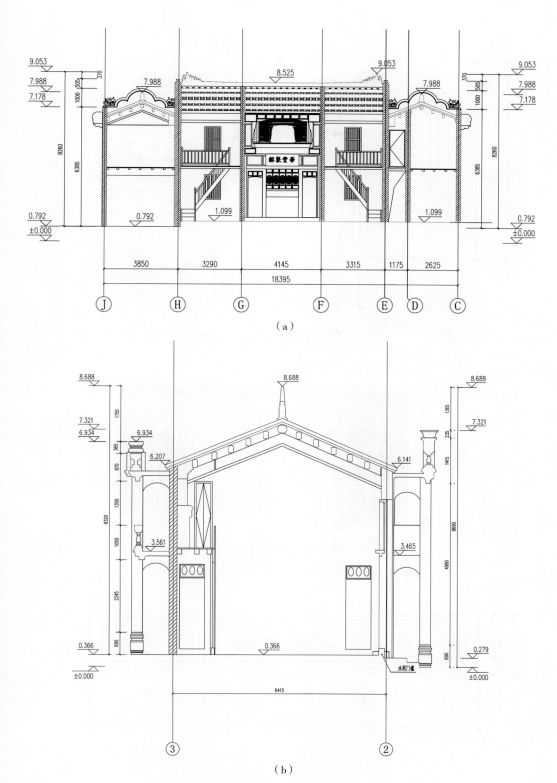

（a）

（b）

图 3-90　蔡家宅剖面图

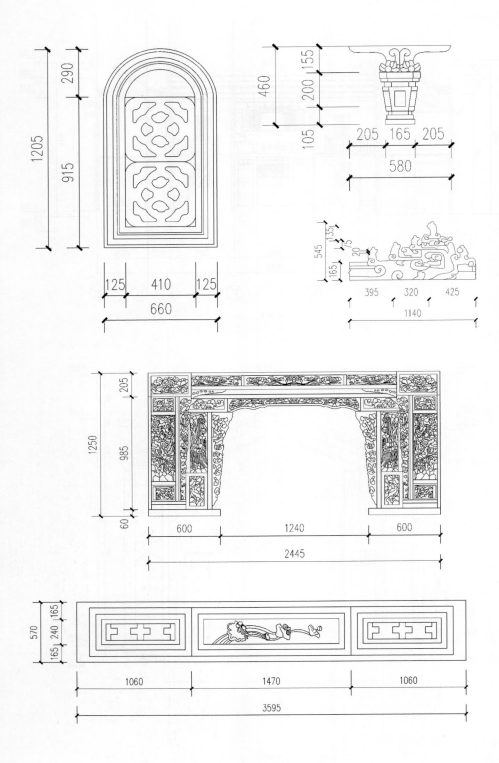

图 3-91　蔡家宅节点构造图

第四节 : 南洋风格骑楼

骑楼是一种集商业和居住功能为一体的建筑，这种建筑沿着街道延伸到二楼以上的部分，由柱子支撑，形成了内部人行道，立面形态上像建筑骑跨人行道，因此取名为骑楼。

一、成因与分布

（一）成因

临街建筑在底层骑跨人行道，上层建有敞廊，沿街一长串建筑连在一起，既挡烈日又避雨，形成了商家可做生意、行人可逛街购物的街区。这种欧陆建筑与东南亚地域特点相结合的建筑形式可以挡避风雨、烈日，营造凉爽环境，因此在东南亚地区十分盛行，后传入中国华南地区。

（二）分布

海南现存较完好的骑楼建筑较少，主要分布在琼北地区海口、文昌、琼海等市县境内的市区和城镇。目前存量较多和保留较好的骑楼分布在海口骑楼老街区，包括水巷口、中山路、博爱路、新华路、解放路等，文昌市铺前镇胜利街的骑楼也保存较好。

二、形制与构造

港口是琼北骑楼商业街的自发起点，骑楼商业街一般由平行港口的横街和垂直港口的纵街组成。多数骑楼商业街采用双面弧街，且所有骑楼都自觉遵循保证街道宽度统一、保持骑楼临街面整齐划一的原则（图3-92）。

图3-92 骑楼外形统一

骑楼建筑单体一般为2~3层，少数在3层以上；单间店铺面阔一般为4~6米，进深10~20米。首层高度一般为4.5~5.5米，与骑楼廊道层高一致；二层或三层脊檩到楼板的高度为3.3~3.9米。骑楼平面空间布局分布为：街道（外部空间）—骑楼（灰空间）—商铺（室内空间）—天井

（室外空间）—住宅（若干进院落）。

三、建造工艺

　　骑楼的结构形式有砖混、砖木、局部桁架等多种。其承重墙多为大尺寸厚砖墙，墙基为石砌，内隔墙为较薄的砖墙或板墙；地面多为水泥面层，间有地砖或木地板；屋顶多采用传统瓦坡顶与近代平顶组合的方式。

　　随着西方先进的技术、材料，如钢筋混凝土技术、水泥钢筋等建筑材料从南洋传进，南洋风格骑楼民居建筑的营建改变了传统的思维模式，建筑结构也产生了改变，在结构上逐渐大量应用钢筋混凝土技术，在构造做法上产生了柱廊、女儿墙、檐口挑出跑马廊、三角形承重梁等新形式。先进的结构体系和施工方式与传统工艺相比完全不同，需要精确的图纸来指导施工。

　　海南骑楼建筑立面一般以白色作为基调，清新脱俗、朴实自然。这种色调与蓝天碧海的自然风景相得益彰。虽然用色简洁质朴，但海南骑楼建筑构件的雕花纹饰却异常精美，图案造型种类纷繁，艺术文化价值极高。

　　具有西式建筑风格特征的海南骑楼，在装饰纹样上传承了我国古代传统建筑的艺术特色。其内容题材种类繁多，有植物花草、珍禽异兽、吉祥纹饰，处理手法娴熟且雕刻技艺卓越。这些纹饰不但外形精巧，而且富有象征寓意，表达出建筑主人的审美情趣与精神追求（图3-93~图3-96）。

四、典型建筑

（一）海口市博爱路骑楼老街

初建于1849年的海口市博爱路骑楼

图3-93　海南骑楼建筑构件上的牡丹花

图3-94　海南骑楼建筑构件上的莲花

图3-95　海南骑楼建筑构件上的鹤

图 3-96　海南骑楼建筑构件上的喜鹊

图 3-97　海口市博爱路骑楼老街

老街（图 3-97~图 3-102）是现今国内骑楼建筑保留规模较大、保存基本完好、极富中西特色的历史文化街区。这里的骑楼，一般为 2~4 层，进深约 30 米，分为廊部、楼部、楼顶三个部分。2009 年 6 月，海口市博爱路骑楼老街以其唯一性、独特性被评为"中国历史文化名街"。

（二）文昌市铺前镇胜利街

文昌市铺前镇胜利街，是海南第二大骑楼老街，规模仅次于海口市博爱路骑楼老街。老街始建于 1895 年，于 1903 年重新规划，形成东西和南北走向的"十"字街，店铺建筑跨人行道而建，在马路边相互衔接成自由步行的长廊，呈典型的南洋骑楼建筑风格。当年胜利街的商人主要来自现今的演丰镇塔市村，主要经营布料、木材、大米、青麻、水产等。店铺中最大、最有名的三家店铺为"南发行""金泰行""南泰行"。"东奔西走，不如到铺前和海口"，胜利街 100 多年的建造历史以及留存下来的道路肌理和环境氛围，显示了铺前镇曾经辉煌的侨乡文化（图 3-103~图 3-111）。

图 3-98　海口博爱路骑楼老街鸟瞰图

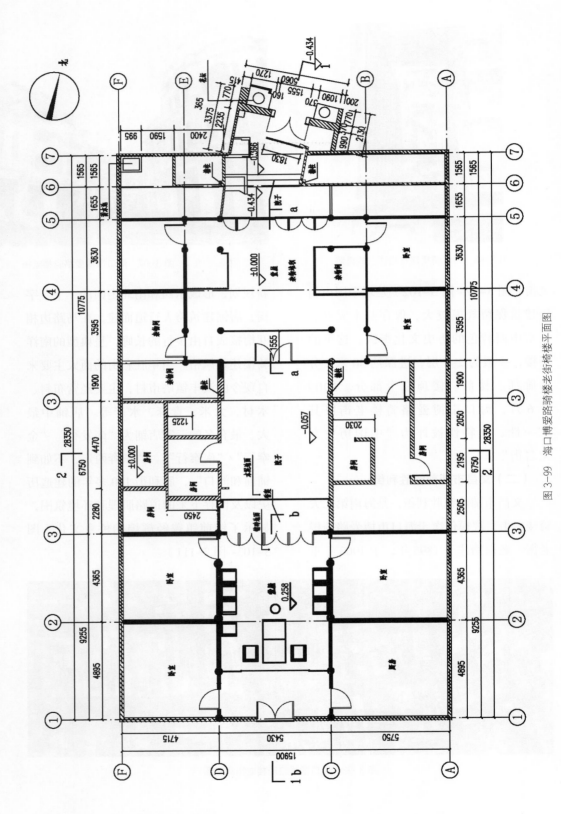

图 3-99　海口博爱路骑楼老街骑楼平面图

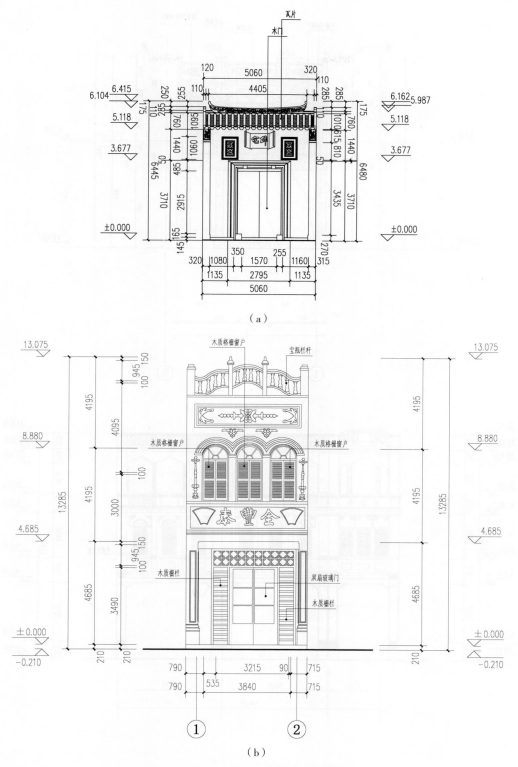

（a）

（b）

图3-100 海口博爱路骑楼老街立面图

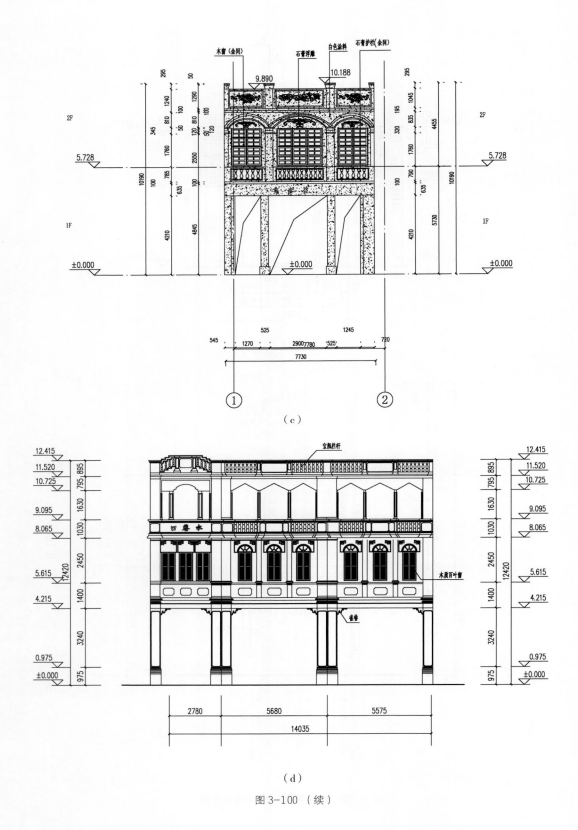

（c）

（d）

图 3-100（续）

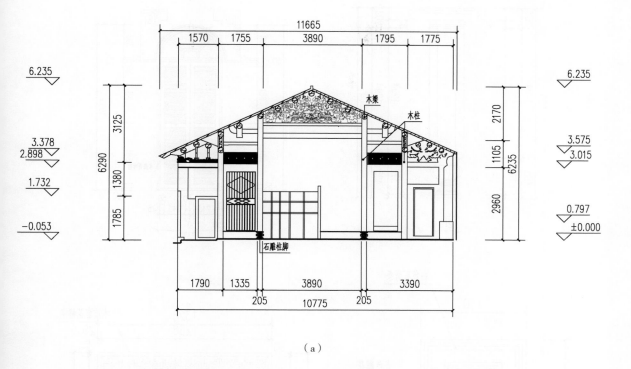

（a）

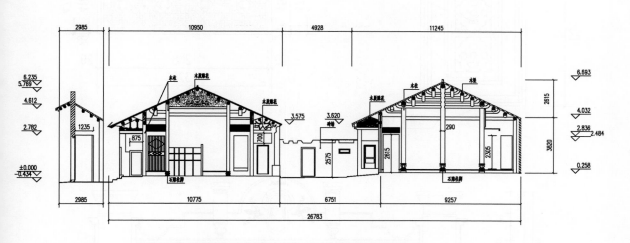

（b）

图 3-101　海口博爱路骑楼老街骑楼剖面图

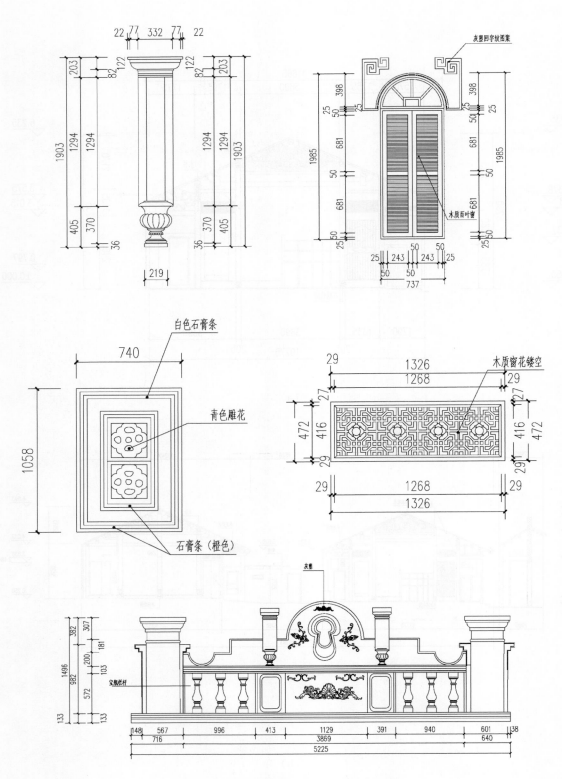

图 3-102　海口博爱路骑楼老街骑楼节点构造图

图 3-103　文昌市铺前镇胜利街鸟瞰图

图 3-104　文昌市铺前镇胜利街街景 1

图 3-106　文昌市铺前镇胜利街局部 1

图 3-105　文昌市铺前镇胜利街街景 2

图 3-107　文昌市铺前镇胜利街局部 2

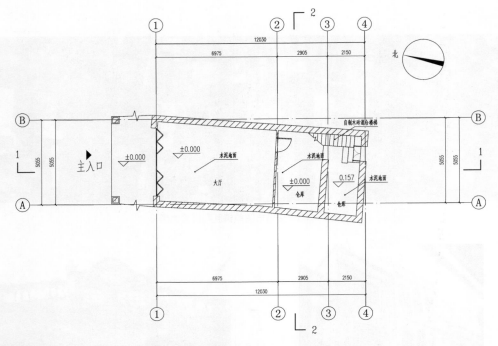

图 3-108 文昌市铺前镇胜利街骑楼平面图

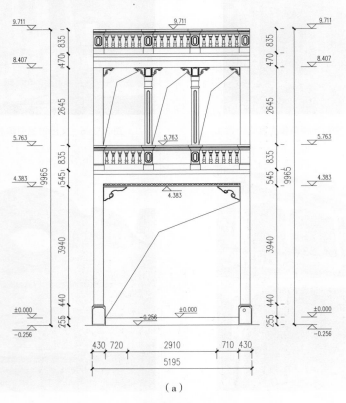

（a）

图 3-109 文昌铺前镇胜利街骑楼立面图

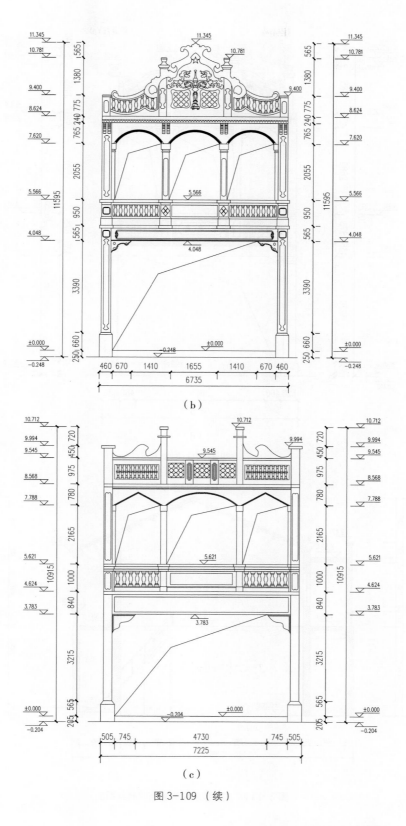

（b）

（c）

图 3-109（续）

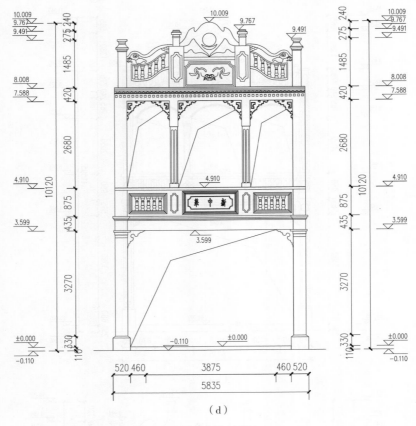

（d）

图 3-109 （续）

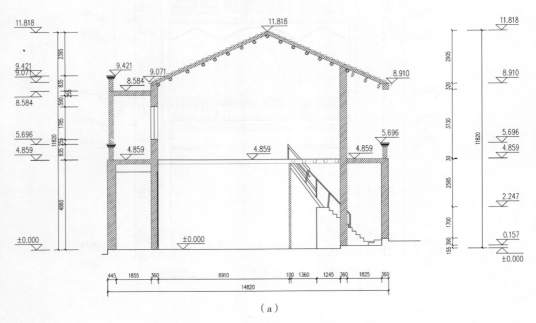

（a）

图 3-110　文昌铺前镇胜利街骑楼剖面图

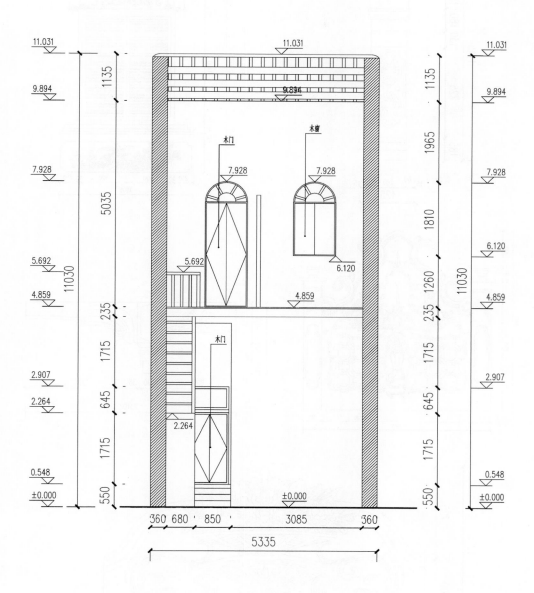

（b）

图 3-110（续）

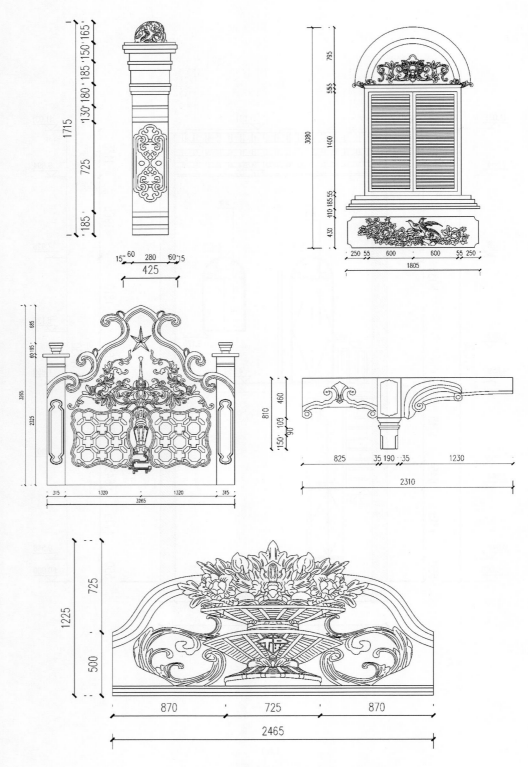

图 3-111 文昌市铺前镇胜利街骑楼节点构造图

这里的装饰以藻纹为主，沿山花形状逐渐蔓延开来。左右对称的构图方式表达出秩序的美感，而藻纹自身的形态柔和优美，为对称的构图增添了趣味性。所有纹理趋向檐口处蔓延，强化了构图中心，丰富了整体画面。

思考与实训

1. 浅析你们家乡民居建筑的装饰特点。
2. 对比并分析琼北地区和闽南地区的南洋风格骑楼的异同。

第四章

琼西民居

琼西地区建筑非常注重实用性，民居建筑装饰普遍较少，以满足最基本的居住需求为主；且西部地区的交通并不发达，沿海水路网较少，渔民仅在近海捕鱼，与外界联系较少，所以西部的民居建筑大部分都保留了祖先最早迁入海南时的形制，这点在军屯民居建筑上体现得尤为明显。同时，因为生活条件艰苦和材料匮乏，西部民居建筑整体风格显得较为简约，较之海南北部与东部的精致，西部民居建筑则体现了铮铮的硬派气息，这深刻地体现了琼西人民艰苦奋斗的精神特质。

琼西民居的构架基本都为大木架，一般为抬梁式木构架，也有少量穿斗式木构架，以及硬山搁檩的构造形式。材料因地制宜，喜好选用长直的菠萝格木。屋顶形式上，民居建筑基本都以硬山顶为主，雨水较多的地区则在硬山顶的基础上稍加变化，屋面装饰极少，通常只铺设瓦片，屋脊和屋檐较少做装饰。墙体通常为青砖或土砖，重要的建筑如堂屋会使用切割打磨好的石块砌筑，墙体抹灰用以防潮和增加美观度。民居内部空间格局简单明了，一般为上下堂屋和两侧横屋，有条件的还可形成天井，追求室内的明亮度。少部分民居设置照壁，大部分民居的内部装饰主要集中在檐下及窗洞，以灰塑彩绘为主，对梁和柱的雕刻美化极少，体现实用为主的观念。

第一节 ： 儋州客家围屋

琼西地区地势平缓，阳光充足，气候干燥但却水源丰富，具有极高的农业生产潜力，是人们理想的聚居地。客家人来到海南岛并居住于此，形成了当地独特的客家文化，而儋州客家围屋则是这些文化在物质空间上的生动体现，也充分体现了客家人高超的建筑营建艺术和丰富的文化内涵。

一、成因与分布

（一）成因

儋州地区的客家人祖先主要来自福建等地，他们拥有强烈的宗族意识，通常同姓氏的家族聚居在一起。客家人历史上受自然与社会环境所迫，其民居建筑呈现极强的防御性。迁徙至海南的客家人的民居建造也保留了这种特性，逐渐演变成为今天的儋州客家围屋。

（二）分布

儋州客家围屋主要分布于儋州东南部地区，以和庆镇、南丰镇为主。

二、形制与构造

海南儋州客家围屋的平面布局多呈直列，是一个规矩的长方形，没有弧形或圆形，其原因是海南客家人较少，对房间的数量及规模的要求较低，矩形的布局方式基本能够满足家族的居住与生活。海南儋州客家围屋不同于海南其他类型的传统民居，围屋里居住着的是一个家族，而不是一户人家，围屋的墙较厚较高，具有很好的防御功能；屋面到屋顶的高度并不很高，窗户开得大，充分考虑了海南光线强、气候炎热、台风频繁等气候特点。

儋州客家围屋选址偏好气候温润、植被繁茂、水源充足、通风良好的平坡地。一般为双堂多横屋形式，通常坐西北向东南，西北方向为上敞堂，以上下敞堂为轴线，房屋及院落天井呈对称布局。轴线末端为晒场，内部建筑布局较为灵活。儋州客家围屋以上下敞堂为中轴线布置建筑，体现了礼制思想中的尊卑意识。上敞堂用作供奉、祭祀先祖，左右耳房用作卧房，下敞堂为卧房或附属功能用房，轴线尾部则为晒场。围屋内一般有水井，也有储存粮食的库房，一旦围屋受到外部威胁，只要关闭大门，围屋内的人可以足不出户，生活一两个月而不受影响。

三、建造工艺

儋州客家围屋建筑结构主要为砖木结构，硬山搁檩造。墙体使用砖或石砌，也有用三合土垒筑而成，三合土是用黏土、沙子掺入红糖、糯米浆、草筋等发酵后与石灰拌合而成。这样建造出来的围屋墙体能够适应南方风雨的侵蚀，坚韧耐久，甚至能抵御炮击。儋州客家围屋大门尺寸均不大，且设置有防盗设施，对外墙体较少开窗，若关闭堂屋和横屋的大门则外人无法进入，防御性极强。庭院设计为天井形式，用以采光和排水，采用砖石铺砌内部地面，天井处有时会设置照壁。

儋州客家围屋的墙体一般采用俗称为"金包银"的砌法，即三分之一厚的外墙体用砖或石砌，三分之二厚的内墙体则用土坯或夯土垒筑；也有的外墙用三合土垒筑而成。儋州客家民居外观较为朴素、低调，仅在门口处贴设对联作装饰。从下敞堂进入围屋内，空间极其丰富多变。

客家围屋的装饰也极其丰富：檐下及窗洞周边一般绘有寓意吉祥的灰塑彩绘；门窗隔扇精致大方，墙体还会设置漏窗，增加视觉通透性的同时带来美的享受；天井处设置照壁，表面绘以精美的吉祥图案，并在照壁下方种植花草。民宅内廊道通常设置成优雅的拱券形式，增加空间的趣味性。

四、典型建筑

（一）儋州南丰镇钟鹰扬围屋

钟鹰扬围屋（图4-1~图4-9）位于

图 4-1　钟鹰扬围屋鸟瞰图

图 4-2　钟鹰扬围屋

图 4-3　钟鹰扬围屋局部 1

图 4-4　钟鹰扬围屋局部 2

图 4-5　钟鹰扬围屋局部 3

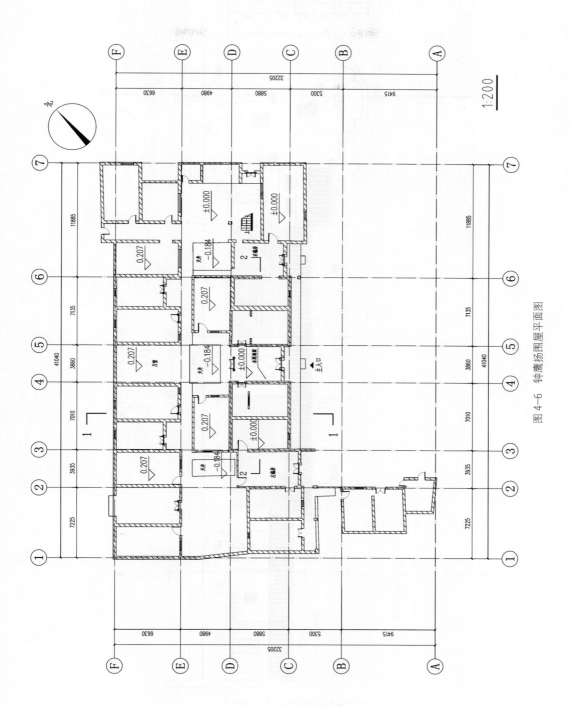

图 4-6　钟鹰扬围屋平面图

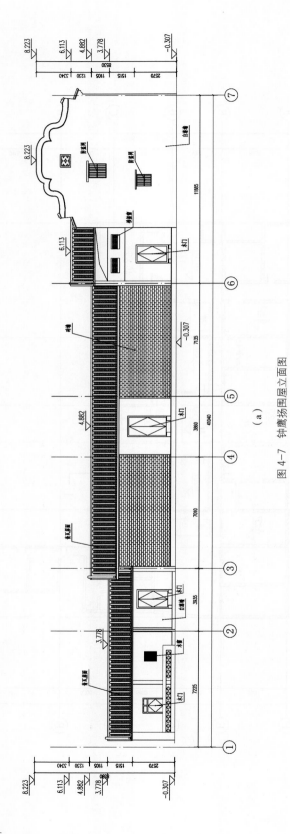

图 4-7　钟鹰扬围屋立面图

（a）

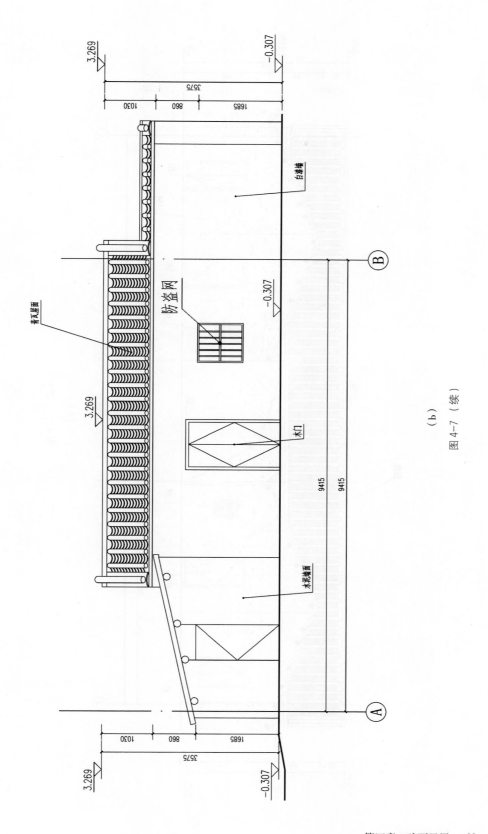

图 4-7（续）

（b）

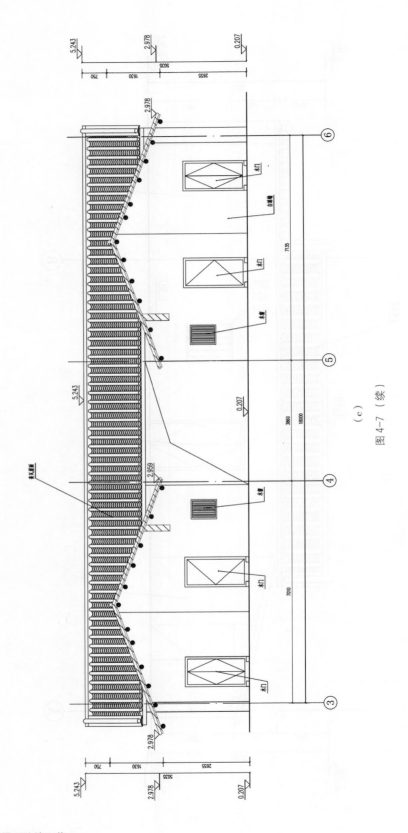

图 4-7（续）

（c）

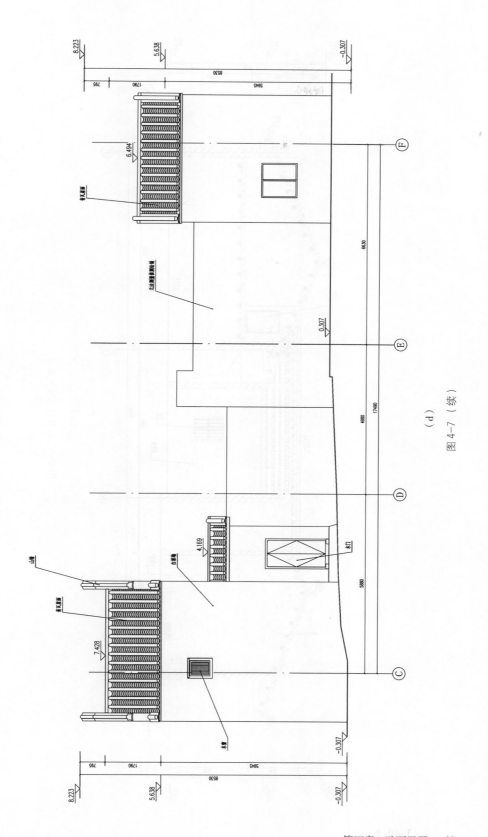

图 4-7（续）

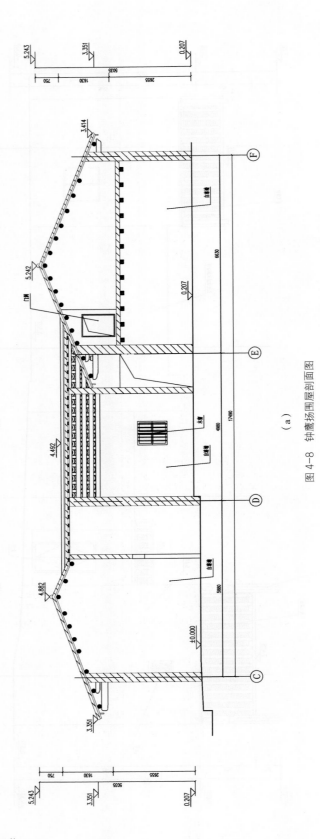

图 4-8 钟鹰扬围屋剖面图

（a）

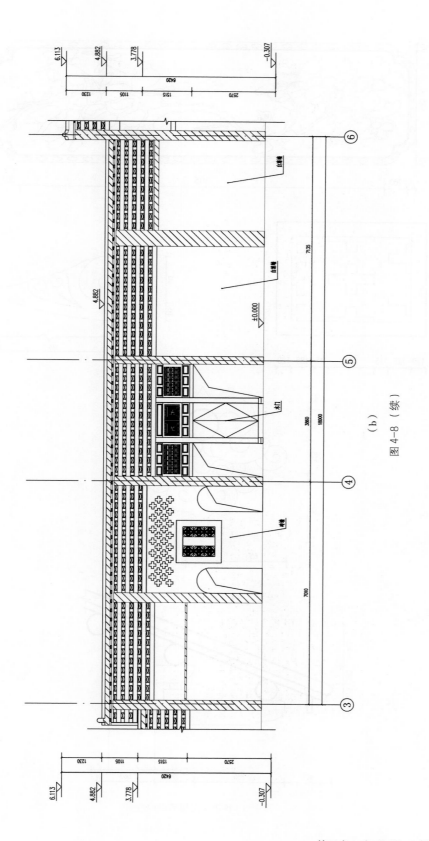

图 4-8（续）

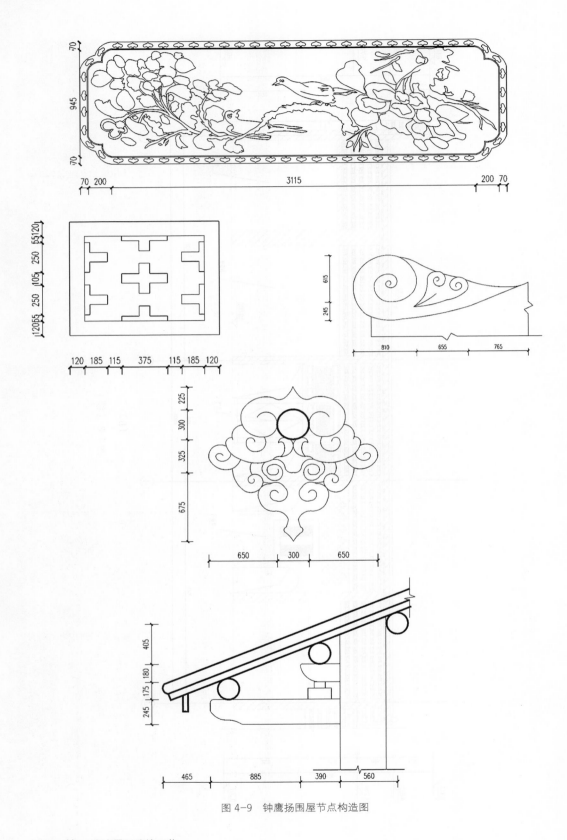

图 4-9　钟鹰扬围屋节点构造图

儋州市南丰镇陶江村委会深田一队，约于清朝光绪年间由四品昭武都尉钟鹰扬所建，占地面积895.31平方米，坐西北向东南，为双堂双横屋形制。该围屋为泥砖墙抹灰，青瓦面，砖木结构，硬山搁檩造。民宅以上敞堂为中轴线，轴线上布置晾晒谷物的晒场、用作起居接待的下敞堂、采光的天井，以及祭祀祖宗、举办重要活动的上敞堂。天井是结合建筑布局设置的，围绕天井分布有卧房及附属功能用房，晒场东南布置有泥砖墙砌筑的影壁。主体建筑采用泥砖墙抹灰形式，外表抹灰，木质承重结构外露，面向晒场的山墙采用大幅水式山墙。建筑内部檐下及窗洞处均采用灰塑彩绘进行装饰，天井内部使用彩色构件进行装饰。地面铺砖，以不同的铺砌方式区别不同的使用空间。入口屏风采用镂空处理，灰塑造型以吉祥图案为主。房屋内部木雕精致。

（二）儋州南丰镇林氏围屋

林氏围屋（图4-10~图4-19），位于南丰镇武教村委会海雅村内，兴建于清代咸丰十年（公元1860年），占地面积387.28平方米，坐西北向东南，砖木结构，为双堂双横屋。中轴线上分别布置供奉先祖的上敞堂、天井及晒场，左右则布置卧房、房、仓库等附属功能用房，民居依坡而建，前低后高，门楼高耸，门楼内有枪眼防卫，所有的墙皆是由青砖砌成，牢固又结实，门前为禾坪。2012年，林氏围屋被儋州市人民政府列为市级文物保护单位。

图4-10　林氏围屋鸟瞰图

图4-11　林氏围屋

图4-12　林氏围屋局部1

图4-13　林氏围屋照壁

图 4-14　林氏围屋局部 2

图 4-15　林氏围屋砖木结构局部

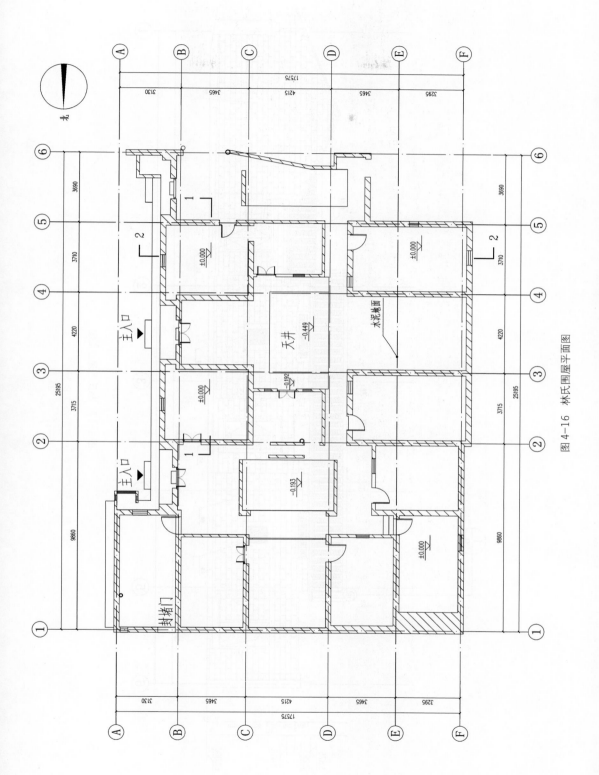

图 4-16 林氏围屋平面图

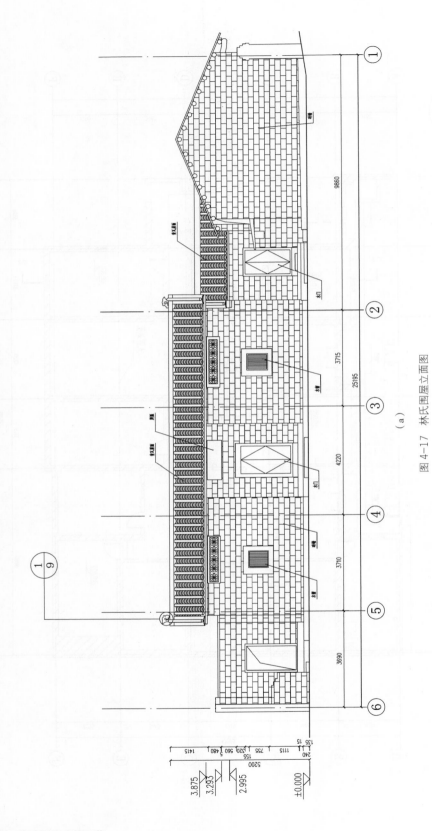

图 4-17 林氏围屋立面图

（a）

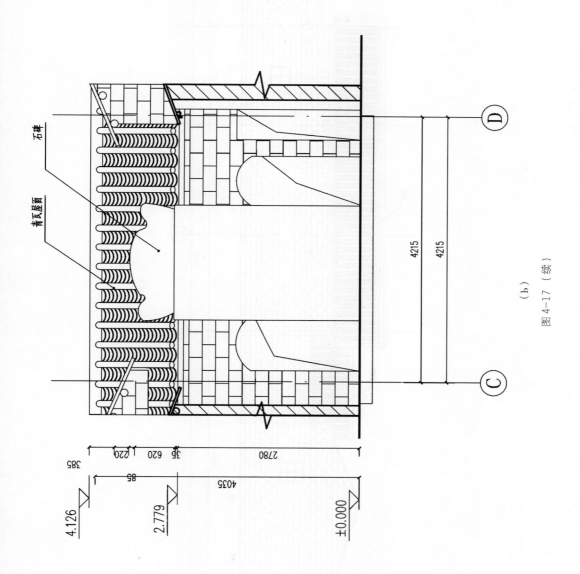

石碑

青瓦屋面

4215

4215

D

C

385

85

4035

2780

35 620 220

4.126

2.779

±0.000

（b）

图 4-17（续）

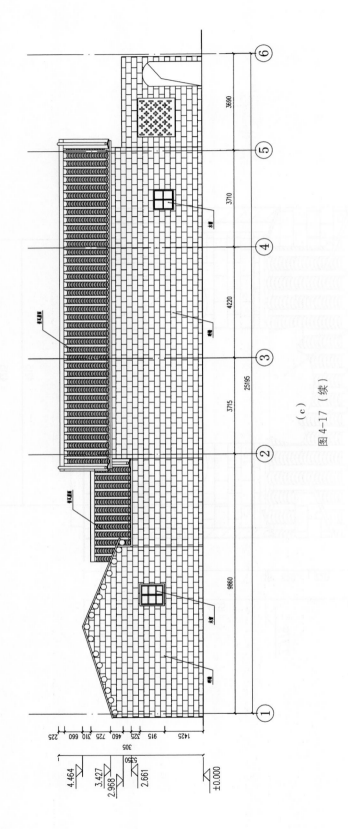

图 4-17（续）

（c）

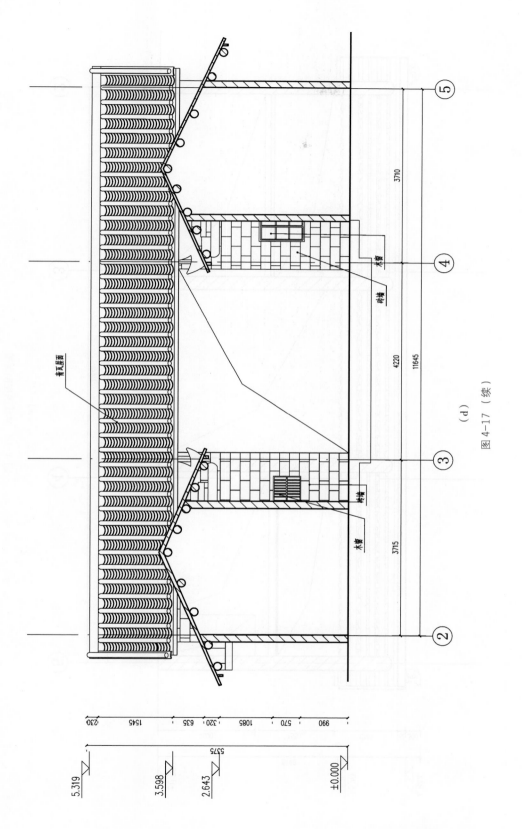

图 4-17（续）

（d）

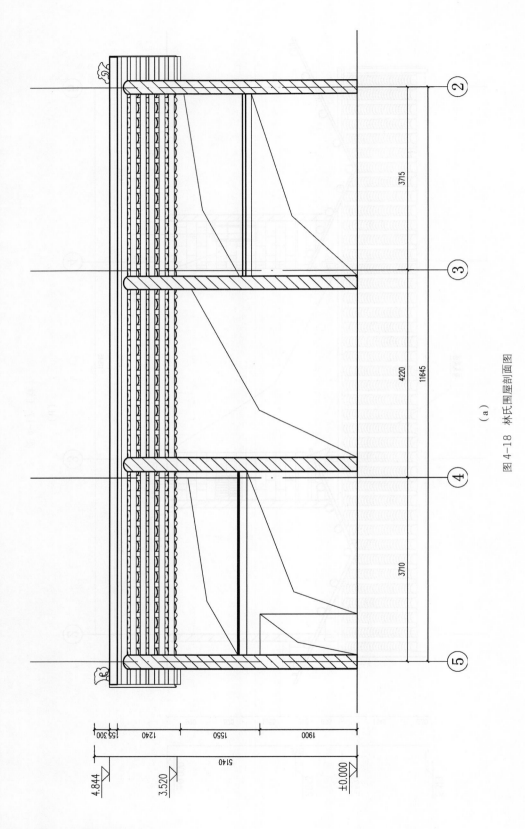

图 4-18 林氏围屋剖面图

（a）

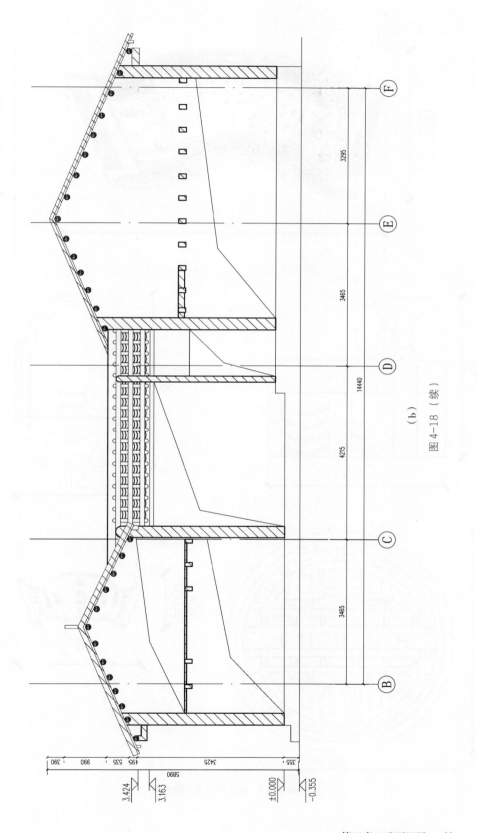

图 4-18（续）

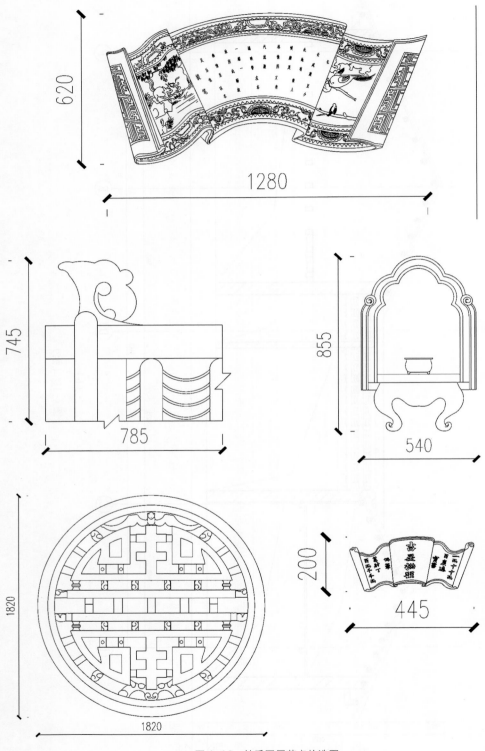

图 4-19　林氏围屋节点构造图

第二节 ┊ 军屯民居

军屯民居是儋州市西北部地区独有的民居形式，其院落布局呈现出典型的中原四合院布局形式，后来军屯民居的建造也与儋州西北部地区的环境特点有所结合。

一、成因与分布

（一）成因

军屯民居主要是古代中原地区军人在海南繁衍生息而产生的军卫所，通过建筑围合庭院而呈现合院形式，通常为四合院或组合院落。

（二）分布

军屯民居是军屯文化特征明显的民居类型，主要分布于儋州西北部地区。该地区主要为平原，地势较为平缓，常年干旱少雨，并且存在土地沙化现象，故军屯民居聚落通常选址在近水源的地方。

二、形制与构造

军屯民居平面布局以四合院为主，住宅空间向内，院落多以外墙为界，内外分明。军屯民居的合院一般由庭院、正房、横屋、路门几个部分组合而成，多规整宽大，通常坐南朝北。主屋为一明两暗三开间的方形建筑，沿主屋南北向中轴线，有一个或多个主屋布置于其上，东西方向布置有横屋，剩余空间一般为附属功能用房。

三、建造工艺

军屯民居建筑结构主要为穿斗式木构，庭院有石柱支撑，木质梁架结构置于室内避免受潮。墙体主要为青砖实墙，或使用火山岩凿制打磨的石块做围护墙体。路门内凹，装饰较精美，并设置有防盗设施。地面为砖铺，内部空间采用木板分隔，并设置较高的门槛。建筑屋面为单层青瓦屋面。

军屯民居路门一般装饰有象征家族起源的文字牌匾，入口处或施以木雕、石雕，或表面抹彩色灰浆，门口贴有对联、门神等。主体建筑主梁上常施以木雕及彩绘，以红、金两色为主。厅堂设置有雕刻精致的木质神龛，窗洞及檐部施以象征吉祥寓意的灰浆彩绘。庭院内设置有精美的照壁，还种植有小型乔木或盆栽，充满生机的绿色体现了军屯居民对自然的向往。

四、典型建筑

（一）儋州王五镇陈玉金宅

陈玉金宅（图4-20~图4-28）位于儋州市王五镇王五社区子安巷，建于清末民初。该民宅坐南朝北，为四进三横屋合院，青砖实墙，青瓦屋面，穿斗式木构。平面布局以主屋为中轴线，每进院落均呈现规整的合院形态，占地面积503.65平方米。

图 4-22　陈玉金宅木结构

图 4-20　陈玉金宅鸟瞰图

图 4-23　陈玉金宅局部

图 4-21　陈玉金宅第一、二进屋之间的庭院

图 4-24　陈玉金宅青瓦屋面

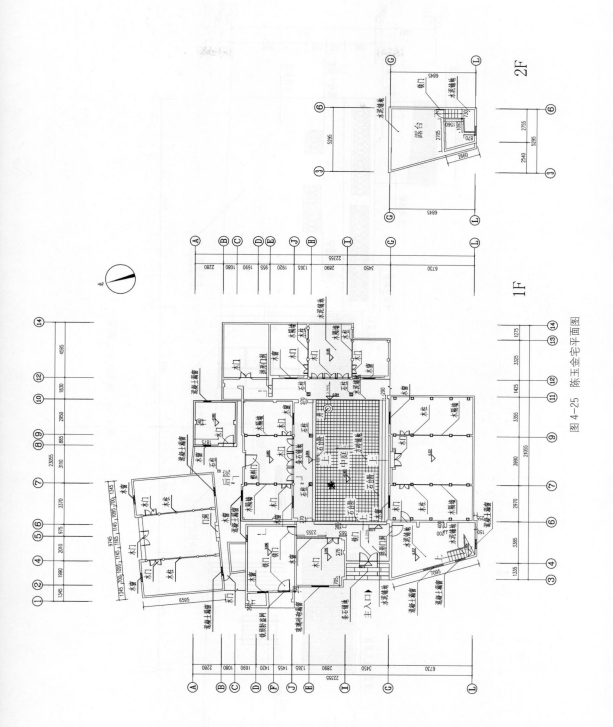

图 4-25　陈玉金宅平面图

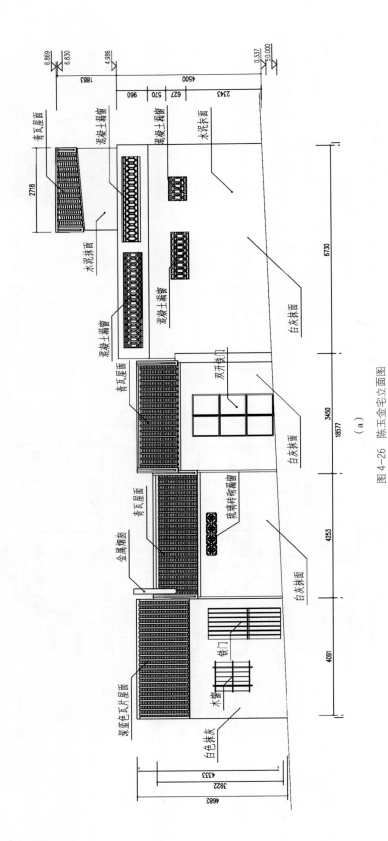

图 4-26　陈玉金宅立面图

（a）

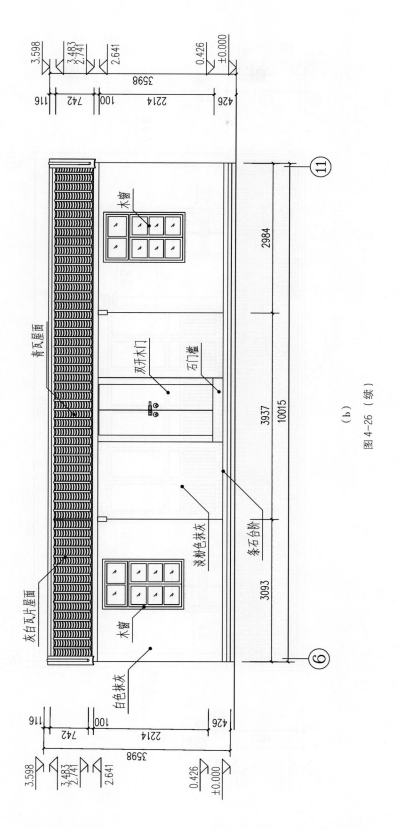

图 4-26 （续）

（b）

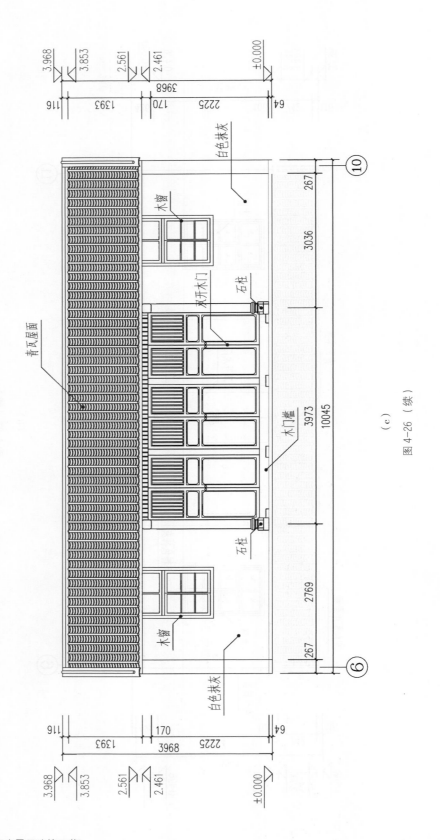

图 4-26（续）

（c）

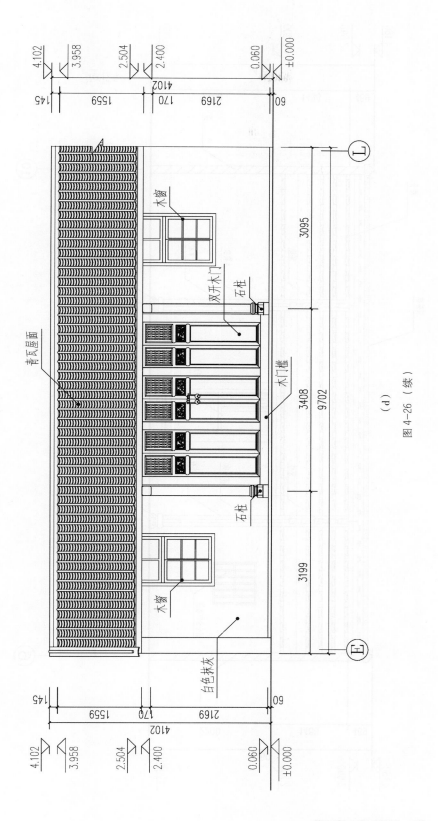

（d）

图 4-26（续）

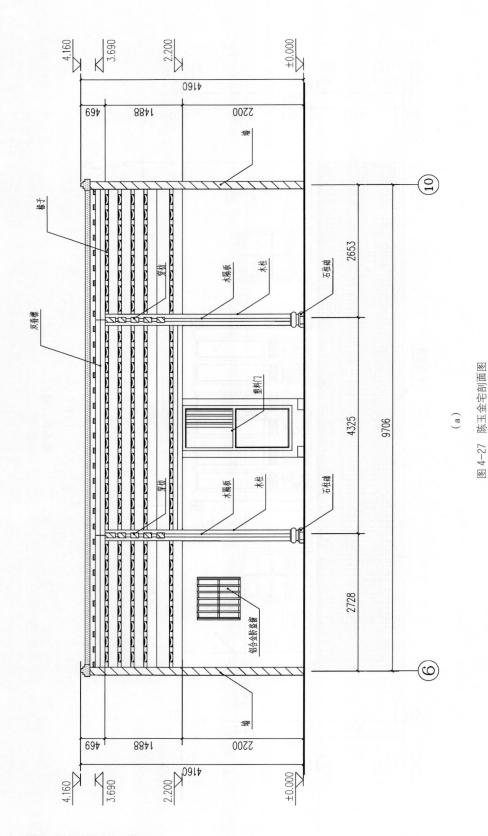

图 4-27　陈玉金宅剖面图

(a)

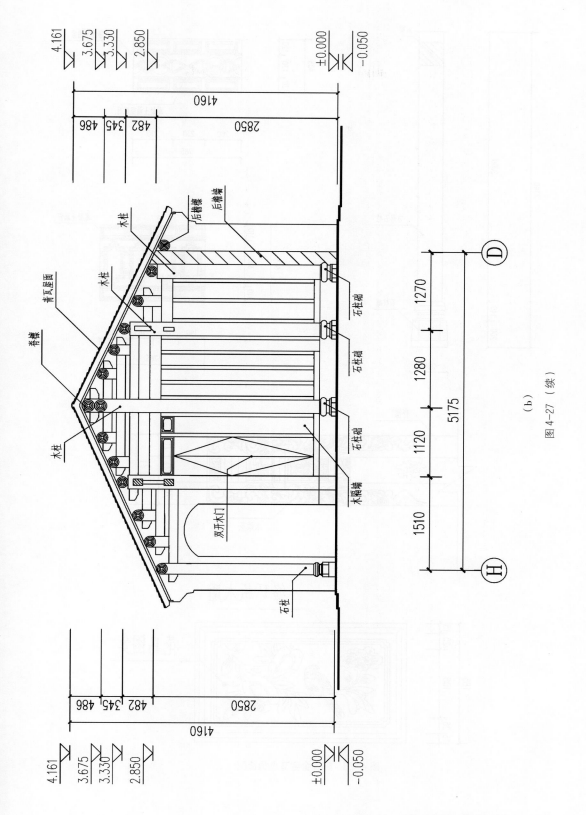

图 4-27（续）

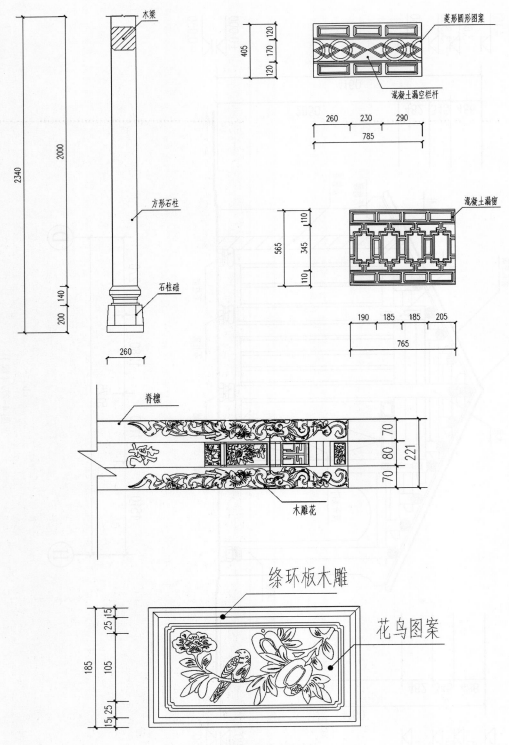

木梁

方形石柱

石柱础

260

菱形圆形图案

混凝土漏空栏杆

混凝土漏窗

脊檩

木雕花

绦环板木雕

花鸟图案

图 4-28　陈玉金宅节点构造图

民宅庭院内有一口水井，并栽植有了数棵小乔木。屋顶放置陶罐，据说这是当地人传统的做法，是为了避口舌是非。整座民居空间宜人，对开的各房间大门使民居内部微气候有所改善。

（二）儋州王五镇谢帮约宅

谢帮约宅（图4-29~图4-35）位于儋州市王五镇王五社区米行街，建于清朝晚期。该民居坐南朝北，为典型的四合院，两进两横屋，青砖实墙抹灰，穿斗式木构。民宅路门进入为影壁，通过一个转折空间进入主要庭院，占地面积318.40平方米。民宅路门入口上装饰有象征家族起源的牌匾"宝树家风"，牌匾两侧为寓意吉祥的彩绘。入门小院落内有一口水井通往内部。院落通过地面铺砖方式变化及门洞设置，强调功能空间的变化及庭院的围合感。该民宅建筑布局上紧凑集约，私密性极强。而较小的空间尺度也避免了过多的阳光直晒，有效地改善了民宅内的微气候。

图4-30 谢帮约宅第二进屋

图4-31 谢帮约宅入口照壁

图4-29 谢帮约宅鸟瞰图

图4-32 谢帮约宅"宝树家风"牌匾

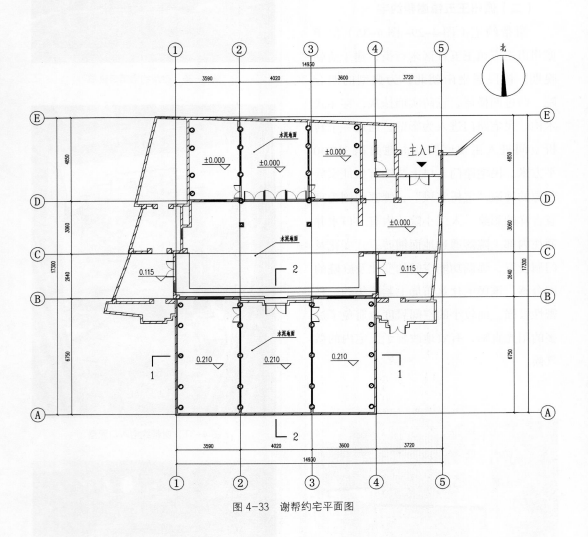

图 4-33 谢帮约宅平面图

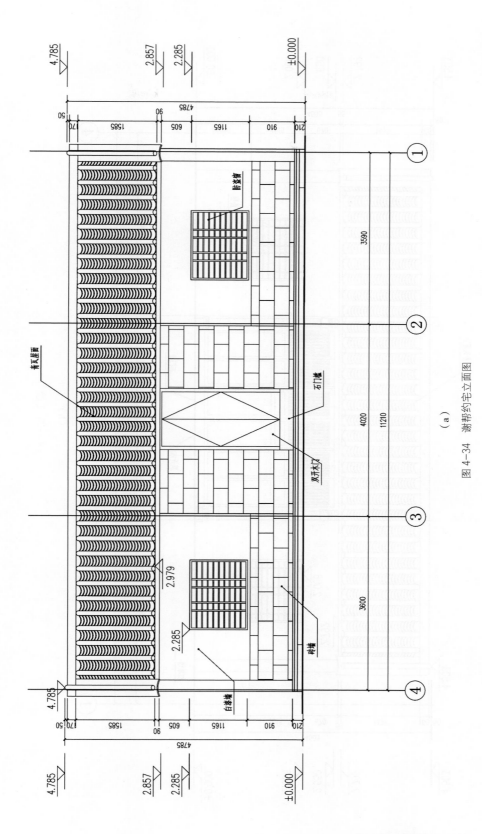

图 4-34 谢邦约宅立面图

（a）

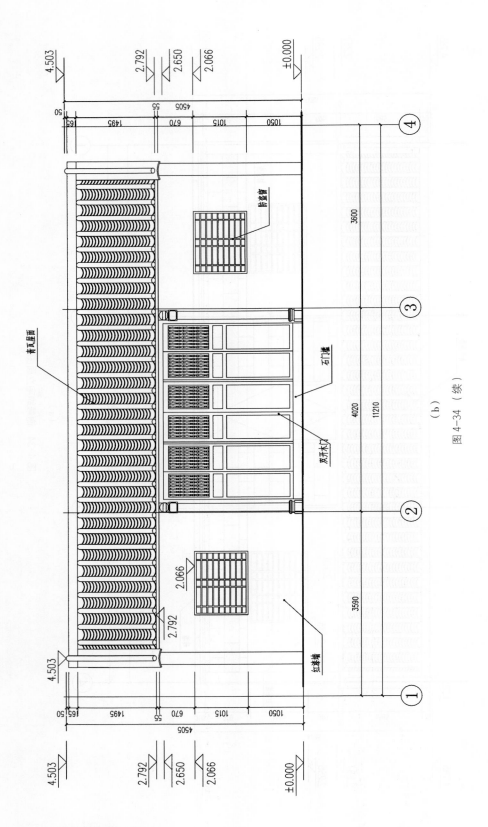

图 4-34（续）

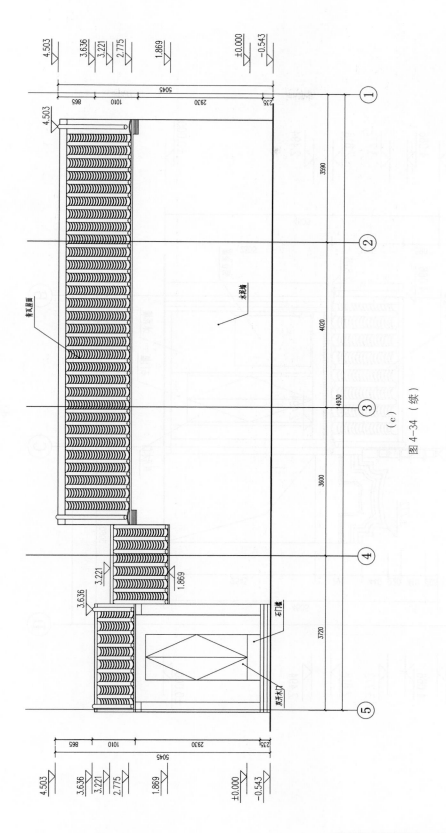

图 4-34（续）

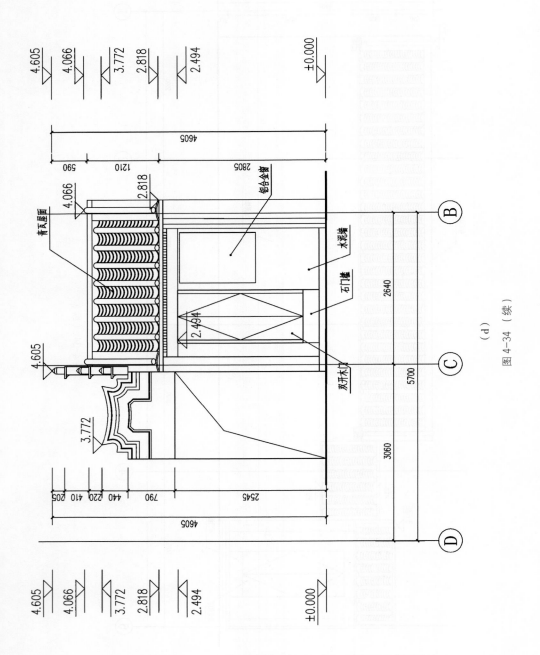

（d）

图 4-34（续）

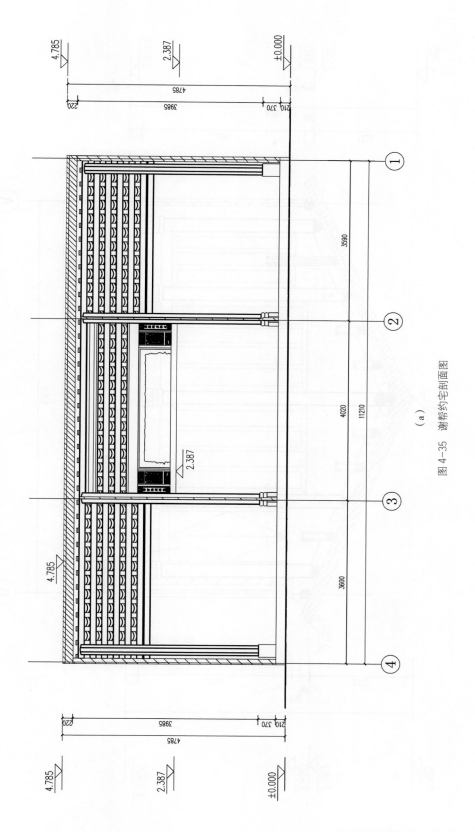

图 4-35 谢帮约宅剖面图

（a）

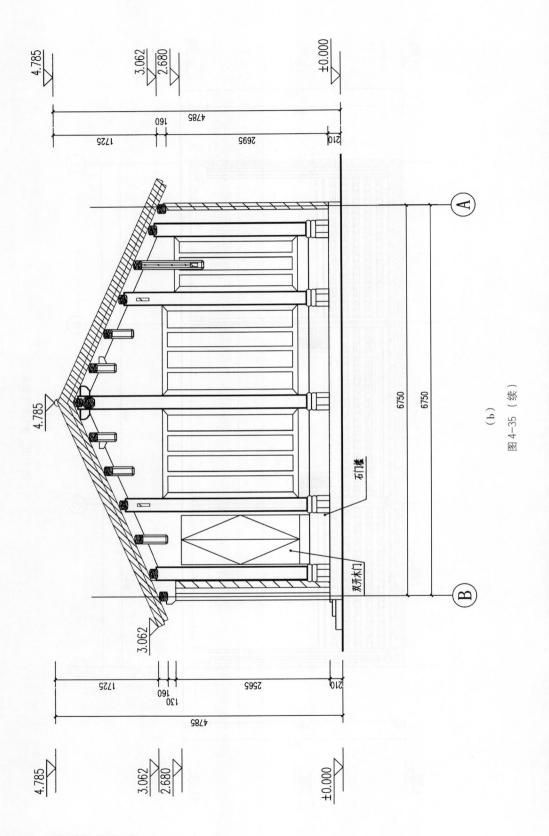

图 4-35（续）

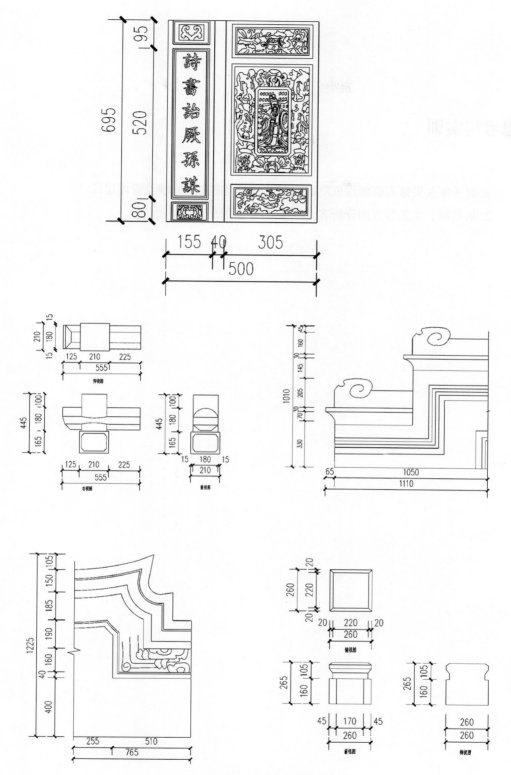

图 4-36 谢帮约宅节点构造图

思考与实训

1. 对于年久失修面临倒塌危险的客家围屋，提出你的修缮及管理建议。
2. 从布局、工艺等方面分析客家围屋和军屯民居。

第五章

琼中南民居

海南黎族和苗族主要聚居在海南省中南部的琼中县、白沙县、昌江县、东方市、保亭县和五指山市等地。

黎族、苗族是在历史演化中一步步走向大山深处的民族，在长期的繁衍生息中，形成敏锐的感知自然的能力。其传统聚落多选址在山溪谷底等靠近水源、前有良田的自然环境。其聚落顺应地形地势，空间布局不拘形式，构成了格局自由的传统聚落景观。

传统聚落尊重自然，"靠山吃山，靠水吃水"，多就地取材，聚落选址、空间布局、建筑形制以及建筑材料等与当地环境紧密联系，以求和谐统一。聚落缺乏强有力的宗族和阶级的制约，以个体小家庭为组织单元的方式凸显其相对的自由个性，在尊重自然的基础上，呈现出自由、松散的空间形态。

黎族、苗族传统建筑采用茅草、竹条、木棍、黏土等自然原始材料，以自然枝杈及绑扎为主要连接工艺，这在本质上就已经决定了其建筑不可能高大宽敞，使用面积也较有限。大部分黎族、苗族传统建筑未对室内空间进行清晰界定，一般来讲，居住、煮饭、会客接待、杂物储藏等日常活动集中在同一室内空间。

总体而言，黎族、苗族传统聚落尊重自然，因地制宜，建筑整体与环境融为一体。聚落空间形态对外表现出紧凑性、整体性、质朴秩序感，而对内则表现出松散性、自由性、实用无序感。

第一节 ┊ 船形屋

船形屋是富有黎族特色的传统住宅。船形屋又可称为"船形茅屋"，因状似倒扣船只而得名。黎族人称其为"布隆亭竿"或者"布隆篝峦"，其意为"竹架棚房子"。

海南苗族民居建筑形式也有船形茅屋，与黎族的基本一致。

一、成因与分布

（一）成因

相传，黎族祖先当年乘木舟登上海南岛时，由于没有栖身之地，就将木船翻倒过来居住。为纪念祖先，黎族后人就仿照船形建起了茅草屋。船形屋用泥巴拌稻草为墙，茅草盖顶，厚厚的茅草一直延伸到地面，犹如一艘倒扣的船。

而海南的苗族人民游居于崇山峻岭间，耕种耐旱性的谷物，辅以狩猎，以此维持基本的生存。其居住和生产特点是"一年一砍山，两年一搬家"。他们没有稳固的定居点，只有临时的聚居点。

（二）分布

海南黎族主要聚居在海南省中南部的琼中县、白沙县、昌江县、东方市、乐东县、陵水县、保亭县、五指山市、三亚市等，其余散居在海南省的万宁、屯昌、琼海、澄迈、儋州、定安等市县。

海南苗族聚居地区主要分布在海南岛中南部，东部接琼海市和万宁市，北连澄迈县、儋州市，西部和南部也有少部分的苗族散居。

二、形制与构造

黎族村落总体格局特征是依山而建、错落有次、连片成群。

黎族船形屋外形像船篷。以格木（心材）、竹子搭架，用红、白藤扎架，拱形的人字屋顶上盖以厚厚的芭草或葵叶，几乎一直延伸到地面上，从远处看，犹如一艘倒扣的船。圆拱造型利于抵抗台风的侵袭，架空的结构有防湿、防瘴、防雨的作用，茅草的屋面也有较好的防潮以及隔热功能。

苗族村落的总体格局特征是大散居、小聚居，以山寨为基本单位。

苗族船形屋的特征与黎族船形屋基本一致。

船形屋以山面为入口，作纵深方向布置。通常由前廊、居室和后部的杂用房三部分组成。这种类型的船形屋长十几米，其面积往往近20平方米。较古老的船形屋，前廊及后部杂用房平面均做成近似半圆形，以竹木树枝编墙，顶盖加盖成半边穹窿顶，面积大者达到100平方米以上。船形屋可分为高脚型、矮脚型和地居式船形屋。

①高脚船形屋。高脚船形屋（图5-1），即"高栏"，黎语称"隆咩"，见于黎族中心地区南渡江上游南溪峒等地的黎村里。"高栏"的底层一般在离地面1.6~2米，上面住人，下面养牲畜；一般建在有一定坡度的坡地，垂直等高线布置。底层形成横形空间，四周以木、竹栏围，平面布局已趋定型，由庭（晒台）、厅堂、卧房、杂用房等几部分组成，以山墙左侧为入口，庭在最前面，搭设有简易木梯。

②矮脚船形屋。矮脚船形屋（图5-2），即"低栏"，黎语称"隆旁"，通常是谷仓。这种房屋见于昌化江上游的毛栈等地的杞黎村庄。"低栏"的底层般在离地面0.3~0.5米，铺有一层厚竹片地板，基本建在平地上，底层不再圈养禽畜，由前庭、居室和后部杂用房三部分组成，山墙左侧为入口，作纵深方向布置。

③地居式船形屋。地居式船形屋也就是船形屋中的铺地型，直接在平地上建造。清末民初黎胞在长期定居的环境里，为节省材料，吸取汉族造床而睡的居住方式，逐渐将干栏式船形屋的栏脚去掉，直接在地面上建屋。这种地居式船形屋，顶

图 5-1　高脚船形屋

图 5-2　矮脚船形屋

图 5-3　地居式船形屋

盖两侧都是一直弯贴到地，顶盖与檐墙是合而为一的。其平面亦为纵长方形，一般由前廊和居室两部分组成，炉灶仍放在居室内（图 5-3）。

三、建造工艺

黎族船形屋，是以竹木扎架构成半圆形轮廓，以藤条捆牢，沿屋檐向屋顶盖以一层层编成片的茅草，传统的船形屋不设檐墙，屋顶与檐墙合而为一，屋檐一直垂向地面，前高后低状如船篷，用藤条或竹片编制离开地面的地板。

苗族船形屋，受本民族的游耕游猎的生产方式所限，为适应其流动性和不稳定性的特点，建筑材料多选易砍伐、轻便的材料，木料、竹料或藤料的第二次加工极少。建筑结构连接流行绑扎，不用榫卯。柱子、横梁、墙壁、大门等也不作任何美观性的装饰，只求实用方便。

茅草屋的搭建是非常原始的。首先，以捆扎的方式，用竹木搭成房屋框架。然后，把选好的稻草根放在水里泡三天，等腐烂后与黏稠的红土掺和在一起，再把它一块一块捞出来，糊在搭好的竹木架上。当"墙"修建好后，就开始搭建屋顶。屋顶的主要用料是茅草和竹条。先用竹条把晒干的茅草一捆一捆夹好，运上屋顶后，沿着檐线自下而上铺好，用竹藤条捆扎固定，这样屋顶就非常结实。不管是倾盆大雨，还是台风，都不会出现

漏雨或被风吹倒的现象。屋顶的茅草
3~5 年更换一次。

四、典型建筑

（一）东方市白查村船形屋

白查村，位于东方市江边乡西
南部，四面环山。白查村船形屋（图
5-4~ 图 5-13）是千百年来黎族文化
的缩影和见证，是"黎族的精神家
园"。2008 年 6 月，"黎族船形屋营
造技艺"被列入第二批国家级非物质
文化保护名录；2015 年 11 月，白查
船形屋被列为海南第三批省级文物保
护单位。

白查船形屋古村落原住有 71 户
350 多人，90 年代因民房改造而整村
搬迁。为把海南保存最好、规模最
大、年限最久的黎族传统古村落保护
好，在各政府部门的重视下，对因无
人居住而破损的船形屋进行了多次修
缮，在传承好船形屋营造技艺的同
时，也做好了船形屋的抢救性保护工
作。目前，全村的 81 间船形屋和 8 间
谷仓保存完好。

白查村的船形屋门向两端敞开，
屋内泥土地面坚实平整。屋中间立有
3 根高大的柱子，黎语叫"戈额"，
"戈额"象征男人；两边立有 6 根矮
柱子，黎语叫"戈定"，"戈定"象
征女人。意即一个家庭是由男人和女
人组成。村内还有一种小房子叫"隆
闺"，系黎家闺女长大成人后独居的
"闺房"，是黎家男女谈情说爱的场

图 5-4　白查村船形屋 1

图 5-5　白查村鸟瞰图

图 5-6　白查村谷仓

图 5-7　白查村船形屋 2

图 5-8　白查村船形屋 3

图 5-9　白查村船形屋 4

所，一般建在村头村尾僻静处，或紧挨父母住房搭建。

"三块石头一个灶。""三石灶"是黎家屋里的传统厨具，其上面架上锅罐蒸煮食物，既方便实用，又可使屋内暖和干燥，灶烟还可防草木蛀虫。

近似船形屋和金字屋的谷仓集中在村边兴建。谷仓以基石垫底，基石上架着纵方木，铺上木板，顶端架梁，仓顶由竹木架设，以茅草盖顶，谷仓内外再糊上一层黏土，具有防火防雨、防潮防鼠的实用价值。

现存的东方白查村美孚方言的落地船形屋，屋长而阔，茅檐低矮。通长约 14.7 米，通宽约 6 米，山墙宽约 4.7 米，屋通高约 3.2 米。排山墙把茅草屋分为前后两节，门向山墙两端开。三个门用木板或编织竹片制成正门的入口有一宽阔的前庭，长 2.1 米；后门的外沿有一处宽阔的后院，长 1.7 米。

（二）东方市俄查村船形屋

俄查村（图 5-15~ 图 5-21），位于东方市东南，东北面临昌化江的中下游，西北面与尖峰岭交界，交通方便，距离东方市到乐东黎族自治县的公路只有 2 公里，距离东方市市区也只有 60 多公里；是目前海南保存最完整、规模最大、形态最原始的黎族聚居村落。村庄现只有少量老人居住，其余均已迁出。俄查村现有房屋大约 80 间，均已后

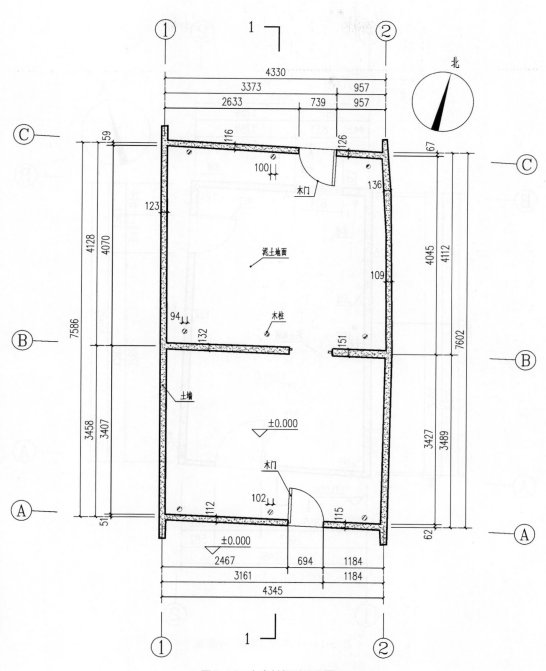

图 5-10　白查村船形屋平面图

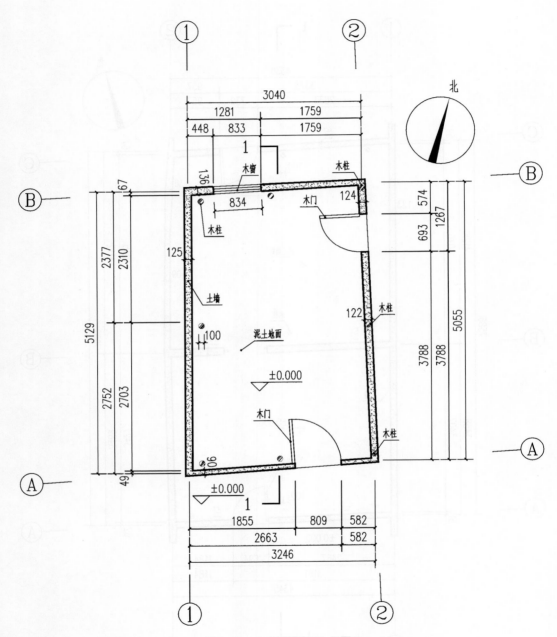

图 5-11 白查村"隆闺"平面图

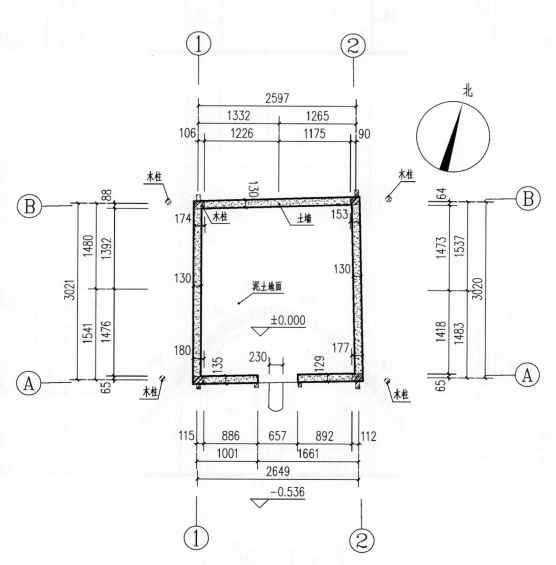

图 5-12 白查村"谷仓"平面图

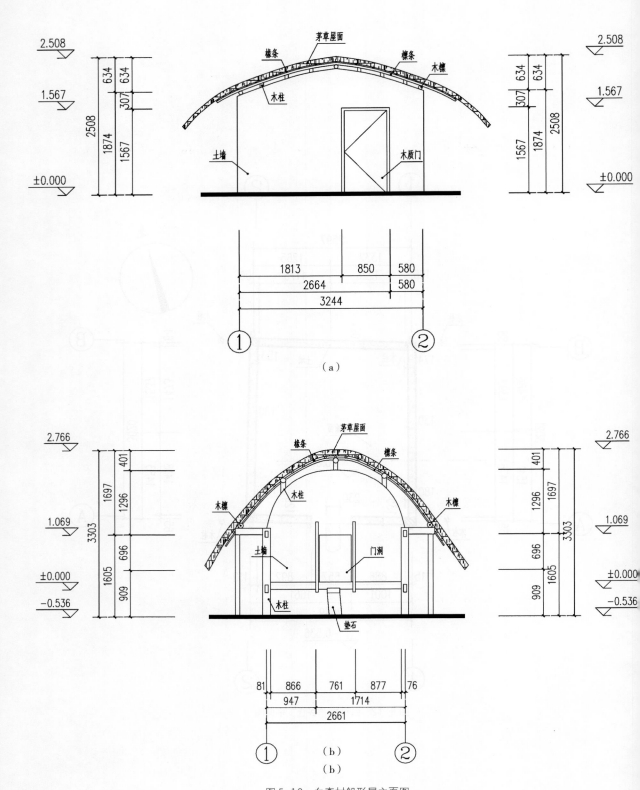

（a）

（b）
（b）

图 5-13　白查村船形屋立面图

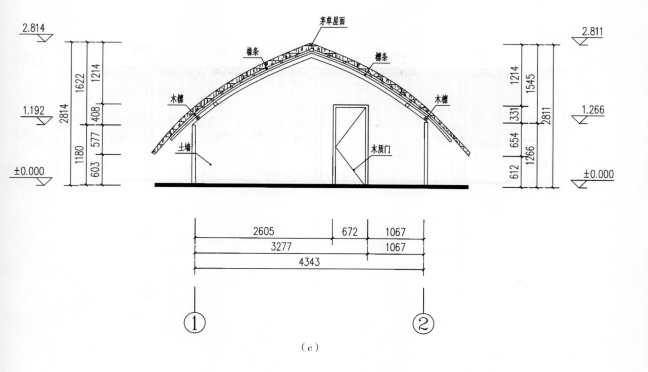

（c）

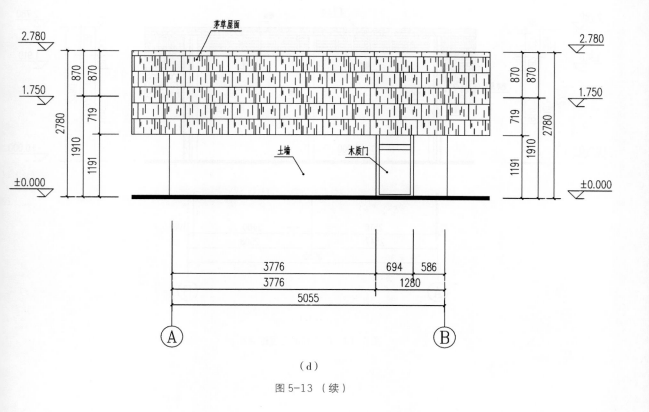

（d）

图 5-13（续）

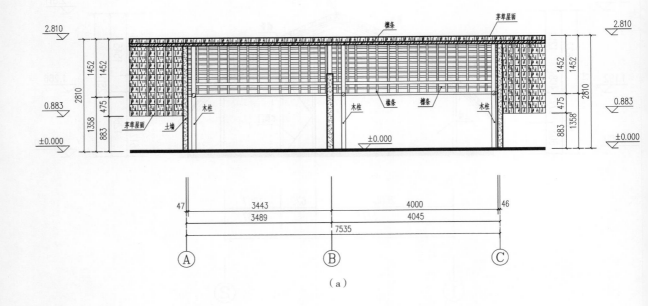

（a）

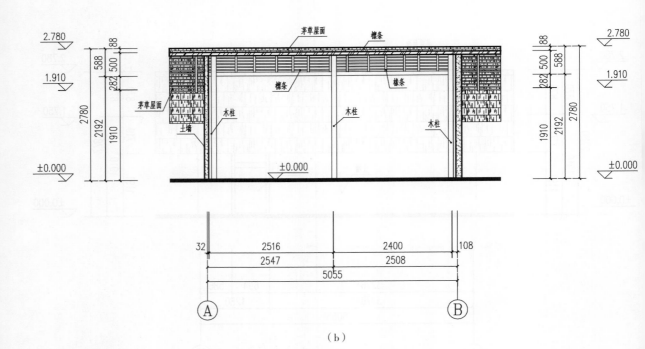

（b）

图 5-14　白查村船形屋剖面图

期翻新，目前有三五间坍塌，十余间有不同程度的受损，其余皆完整。目前遗留下来的原始船形屋仅剩一间，且这间船形屋现已破败不堪，如不加以保护，俄查村原始的船形屋将会消失。

俄查村现存的船形屋平面呈纵长方形，竹木构架，用藤条捆扎成形，屋顶覆叶几乎一直延伸到地面；两边成圆拱造型，有利于抵抗台风的侵袭；架空的结构则起到了防湿、防雨的作用。房屋由前廊和居室两部分组成，屋内不隔间，不设窗户。除了居住用的船形屋，几乎每户人家都会另外搭建一座小型的船形屋来作为谷仓。

图 5-16　东方江边的俄查村（20 世纪 80 年代）

图 5-17　俄查村现存船形屋实景照片

图 5-15　俄查村鸟瞰图

图 5-18　俄查村现存船形屋谷仓实景照片（已翻新）

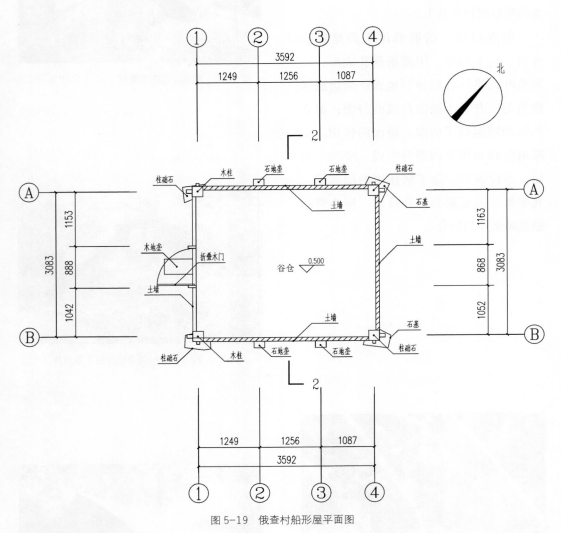

图 5-19　俄查村船形屋平面图

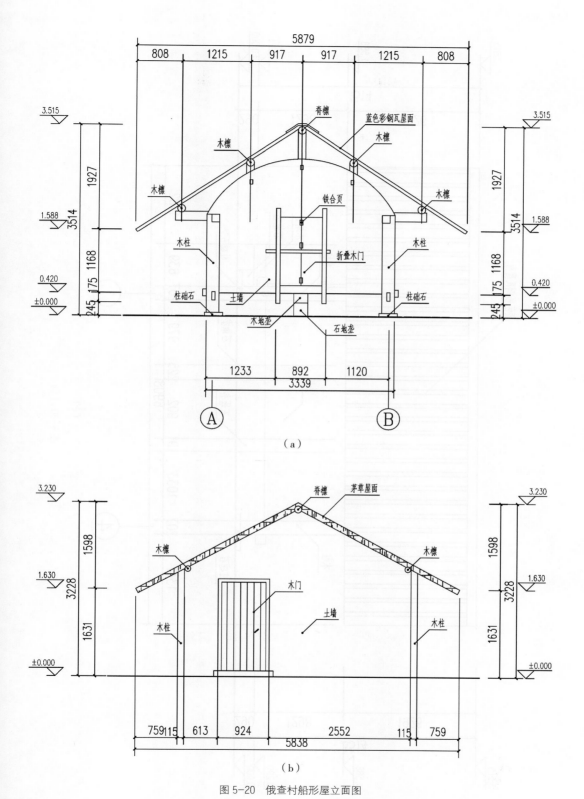

图 5-20　俄查村船形屋立面图

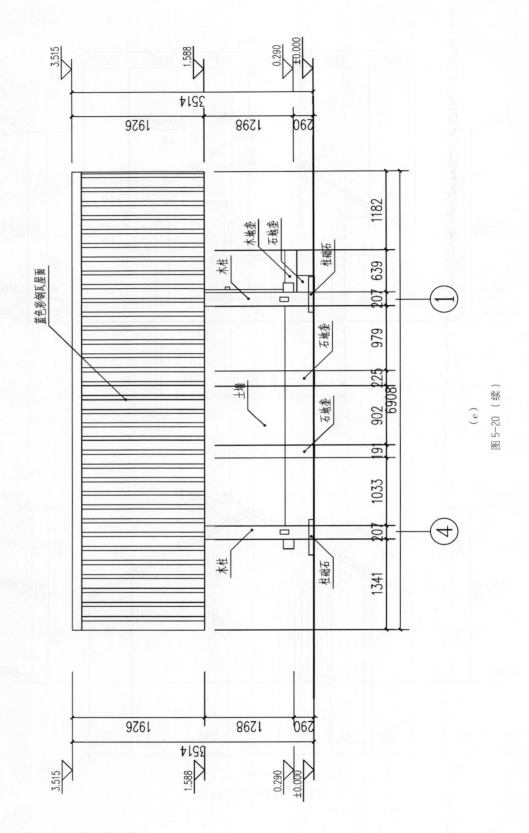

图 5-20（续）

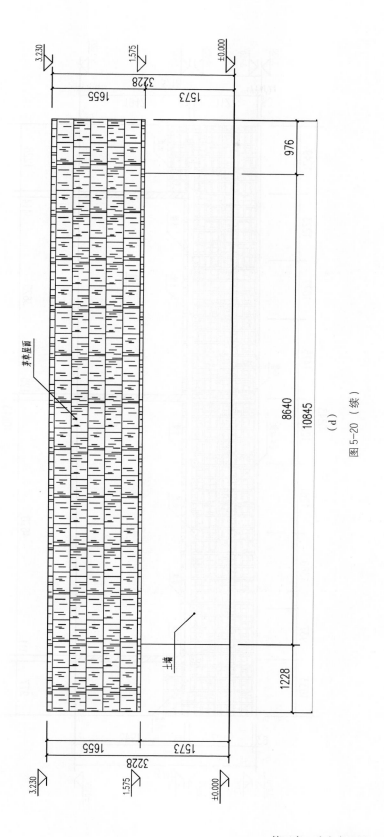

图 5-20（续）

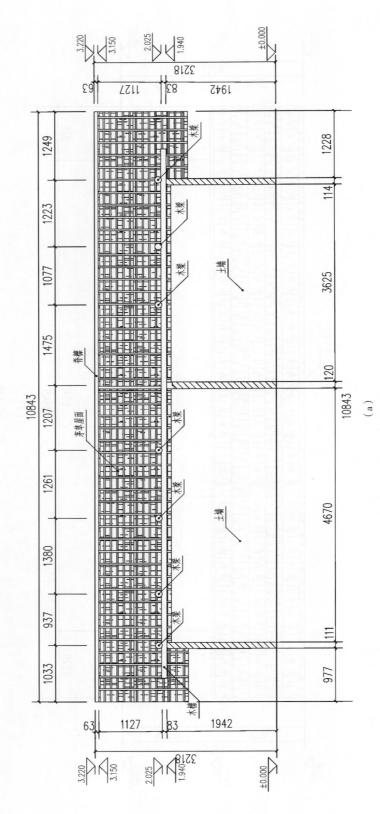

图 5-21　俄查村船形屋剖面图

（a）

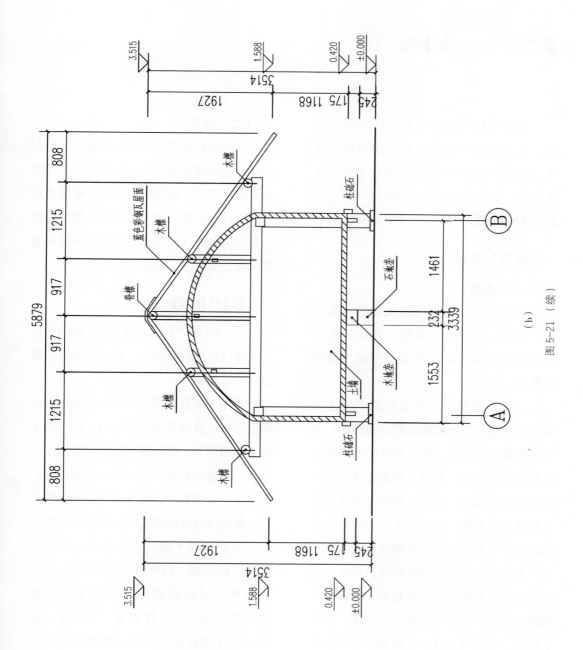

图 5-21（续）

第二节 ┊ 金字屋

随着黎族人民与汉族人民接触的增多，黎人逐渐吸收了汉人的房屋建造技术，村寨中古老的"干栏"式住宅建筑越来越少，而代之以结构、材料都与过去有较大不同的仿汉式"金"字顶房屋。

一、成因与分布

（一）成因

随着黎族文化与汉族文化的不断交流、融合，在采光、通风、建筑技术等方面有着显著优点的汉族金字屋为黎族所吸收。

"船形屋与金字屋最大的差别之一是屋顶结构，船形屋的顶部为圆拱形，金字屋则是金字尖顶，并且部分类型的金字屋拥有砖石结构，不同于高架或低架的竹制结构船形屋。"保亭县槟榔谷景区工作人员蔡庆才介绍，关于金字屋的由来，普遍认为是早期汉族人民与黎族人民接触之后，黎族人民借鉴了汉族的建筑形式，逐渐吸收了汉人的房屋建造技术，村寨中古老的"干栏"式住宅建筑发生变化，产生了结构、材料都与过去有较大不同的仿汉式"金"字顶房屋。

（二）分布

金字屋在海南的黎族自治县、乡均有分布，在白沙县的润方言区和保亭县及陵水县的赛方言区较为集中。这种建筑形式主要流行于五指山中心地区以外的黎族地区和黎汉杂居区，这些地区是山区丘陵地带（图5-22）。

二、形制与构造

金字屋为"人"字或"金"字顶，房屋主体已不再设架空层，四面为泥墙，有窗户与门。

金字屋平面呈横长方形，在屋顶方面用金字顶代替圆拱形的船形顶，同时房子除了山墙面外，前后的檐墙升得更高了，有利于门窗的开启。正门改在前面檐墙，檐墙上设置有窗户，改善了建筑内部的采光。金字屋的平面构成可分为以下几类。

①单开间平面。这种平面一般由居室与门廊组成。门廊可分为矩形与"L"形两种；居室面积的大小依据家庭成员的多少及经济条件而定，如起卧、煮炊，所有的日常生活都容纳在居室内。这种平面布局居住功能无细化，显得室内紧迫、窄小。

图 5-22　金字屋村落

图 5-23　黎族金字屋结构骨架

②双开间平面。这种平面一般由一厅一房与门廊组成。厅作为全家日常生活活动的场所。房作为卧室，其面积要比厅小。家里较贵重的物品都放在卧室里。

③三开间及四开间平面。这种平面一般由一厅多间房与门廊组成。厨房与厅房隔离，有的在门廊的一端建厨房，有的在房间的一旁另建一厨房。

④院子式平面。这种院子式平面是从平直条的横向式住宅发展而来的。由于家庭经济收入的增长和人口的增加，居民在多幢房之间进行围合构成"曲尺"形，再在其余两边用竹子或树枝编织篱笆围成一个院子。院子作为种菜、晒谷、堆放农具、副业生产、儿童游玩以及乘凉聊天的场所。

三、建造工艺

金字屋屋顶仍呈船篷状，但已不再设架空地板，也有了矮小的檐墙。屋内以木金字架支撑屋顶。金字架的构设和檩条的安放，一般仍采用绑扎的方法，有的地方渐而采用较为复杂的抬梁式榫卯结构。

不同于黎族世代沿袭的船形屋建筑，

金字屋并不是黎族同胞原有的建筑风格，但是这种金字顶的房屋，却象征着黎族与汉族之间的文化融合。

不同于使用竹制材料的船形屋，金字屋开始尝试使用砖石结构。房屋内部的布局更加丰富，由前廊、厅、卧室和厨房组成。房间以厅最大，厅是生活起居的中心，类似于现代房屋中的客厅。卧室内有木制或竹制睡床和其他一些物品，厨房置有炉灶、水缸、炊具、烘物架等。金字屋的室内布局有了现代房屋的雏形。

金字屋的建筑结构（图5-23），按长方形平面在地上立木柱，中柱支承脊梁，檐柱支承檐脊。脊梁和檐梁上架着小斜梁，小斜梁上搁着小檩条，上搁竹或细木方格子网，面上覆以绑扎成片的茅草而成屋盖。墙为非承重墙，常见的有编竹抹稻草混泥糊墙、竹墙、竹笆墙等。

金字屋总体具有如下特点。

①金字屋的高与底边长的比随纬度不同而不同：在赤道左右为 1：1；在纬度30度左右为 1：1.5；在纬度60度左右为1：2；在纬度75度以上为 1：2.5。②金字屋室内设高、低二室，二室的位置高

低与金字屋所在纬度有关：在纬度小于45度地区，高室在距屋底三分之一高处，以下为低室；在纬度大于45度地区，高室在距屋底二分之一高处，以下为低室。③金字屋的墙体厚度随金字屋所在纬度高低而不同：在纬度小于30度地区，墙体厚度不少于1.5米；在纬度30~60度地区，墙体厚度在1.25米左右；在纬度大于60度地区，墙体厚度在1米左右。④金字屋的墙体为纯混凝土结构。⑤金字屋在低纬度地区，外墙涂白色涂料；在高纬度地区，外墙涂灰色涂料；内墙一律涂蓝色涂料。⑥金字屋的使用，夏季多用低室，冬季多用高室为佳（图5-24、图5-25）。

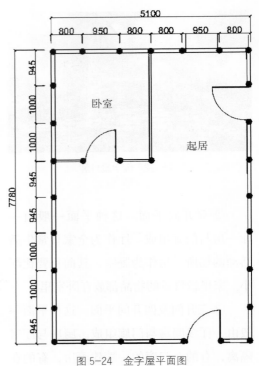

图5-24　金字屋平面图

四、代表建筑

（一）昌江县王下乡洪水村金字屋

昌江县王下乡洪水村的金字屋既保留

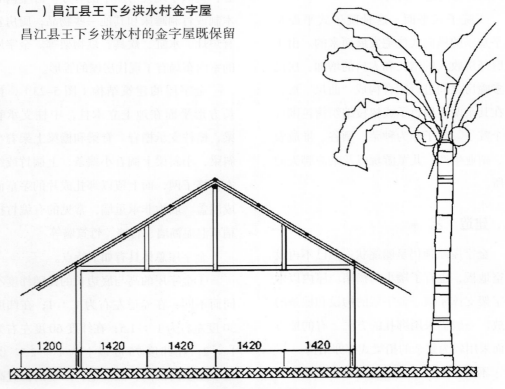

图5-25　金字屋剖面图

了古代黎族住宅的营造技艺，又融合了汉族传统的建筑艺术，是迄今海南保存最完整的金屋部落，堪称黎族文化的活化石。（图 5-26~ 图 5-31）

洪水村每座金字屋平面呈长方形，房屋长约 6 米、宽约 4 米、高 2.5 米。两面开门，屋顶是两边朝下的木料金字架，屋的四角采用质量较好且不易腐烂的木料作为支柱，屋的骨架主要由竹、木构成，顶面覆盖茅草，四面墙用树条捆绑成架，再用干稻草和泥糊上即成。金字屋可分为单开、双开和三开间的形式，单开间的炊煮和卧室不分开，双开间或三开间的炊煮和卧室是分开的。现洪水村有 78 户人家，村民仍住在金字屋中。目前该村金字屋约有 120 多座。

图 5-26　洪水村金字屋 1

图 5-27　洪水村金字屋 2

图 5-28　昌江县洪水村金字屋鸟瞰图

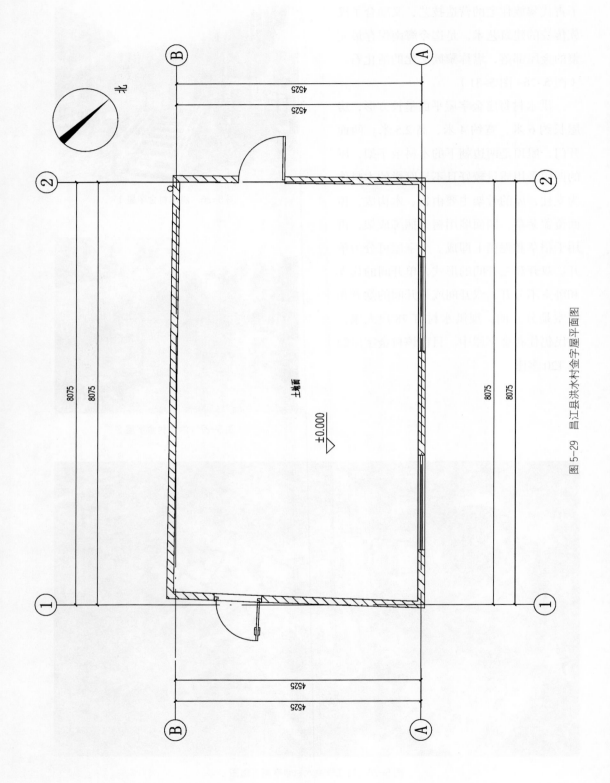

北

4525
4525

8075
8075

土地面

±0.000

2

1

B

A

8075
8075

4525
4525

B

A

图 5-29　昌江县洪水村金字屋平面图

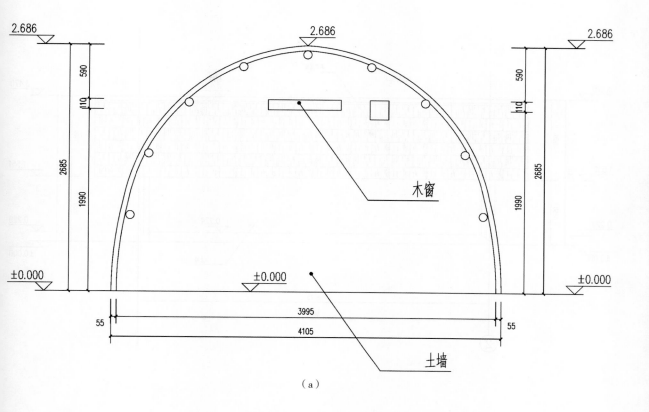

（a）

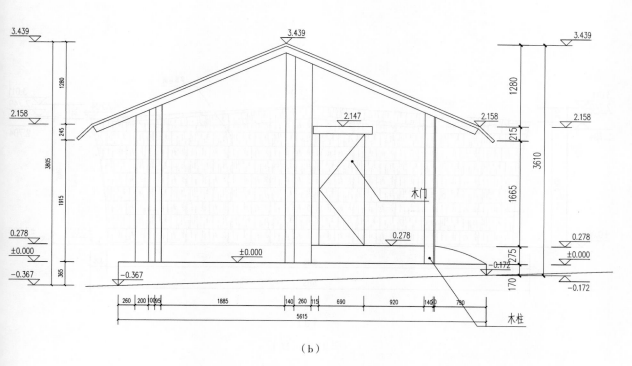

（b）

图 5-30　昌江县洪水村金字屋立面图

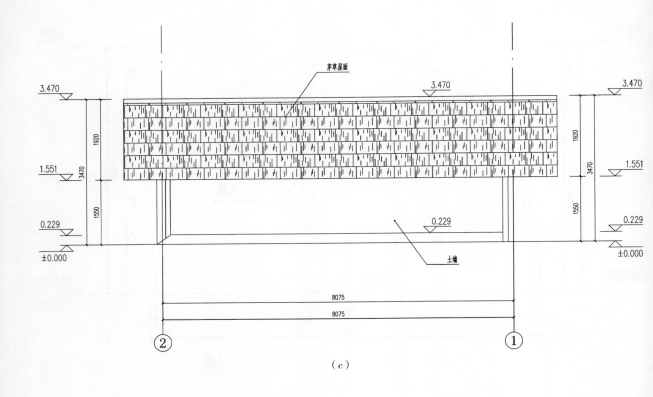

（c）

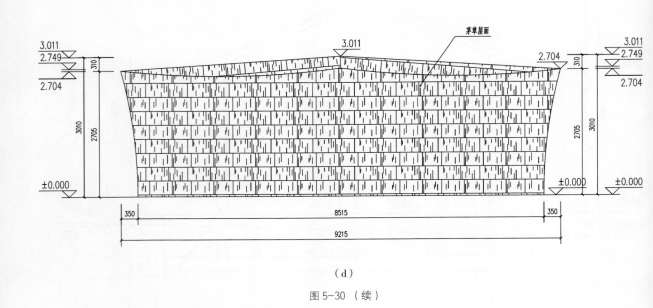

（d）

图 5-30 （续）

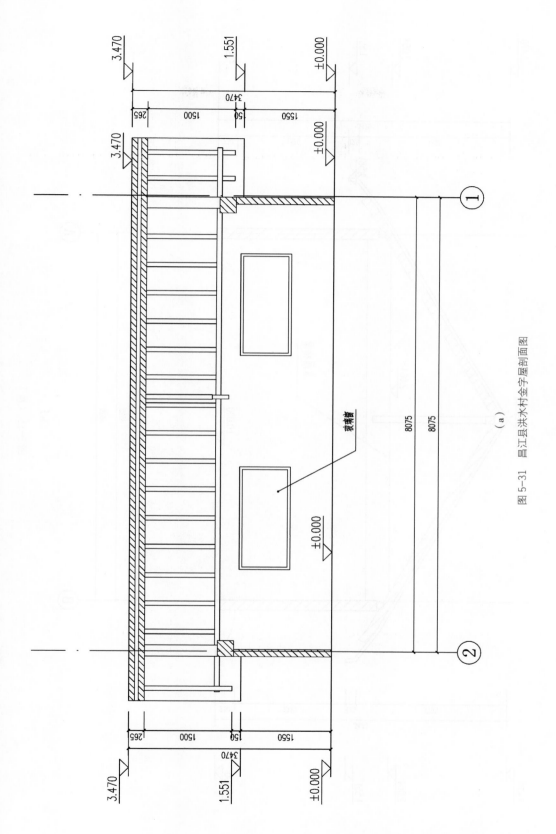

玻璃窗

（a）

图 5-31　昌江县洪水村金字屋剖面图

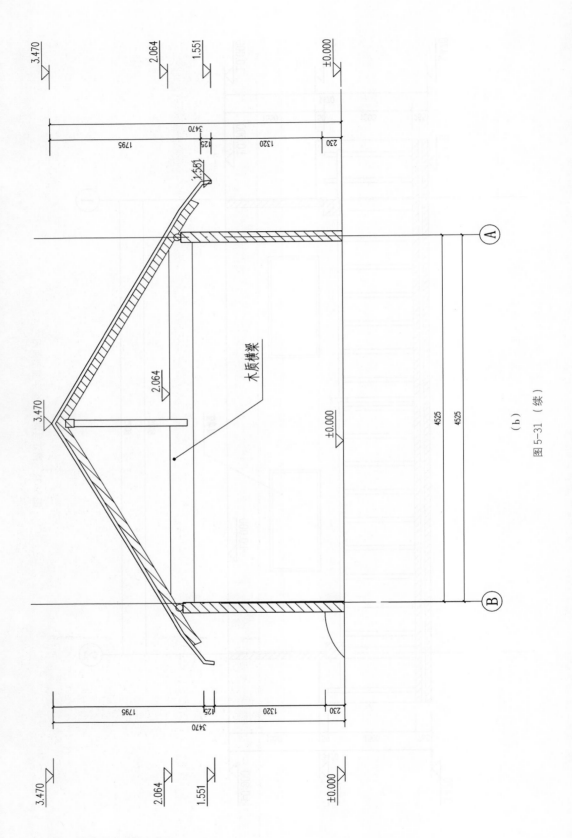

木质横梁

图 5-31（续）

（b）

（二）五指山市毛阳镇初保村金字屋

初保村（图5-32~图5-41），位于五指山西麓的毛阳镇。村子房屋依山势而建，自上而下呈阶梯式分布，这些房屋记录着黎族传统民居从船形屋向金字屋演变的轨迹，是黎族生活和文化变迁的一个缩影。

初保村的金字屋建造先是按纵长方形平面在地上立6根柱子，柱子上端通常选用天然树杈或砍成树杈状的木材，以此支承屋梁。中柱承当脊梁，两侧檐柱承当檐梁，檐柱高度约为中柱的一半；在脊梁和檐梁上架着小斜梁（人字木），斜梁的下端约占全长的四分之一处，稍作弧形微弯；其上搁着小檩条，小檩条上搁有用竹或树枝编成的方格子网格；面上覆盖茅草扎成的草排，沿着屋低处从下往上一层一层地往屋顶铺盖，并在屋顶层面留一处或两处能够开关的大窗用于采光。

初保村的谷仓一般都选在村落外缘较干爽的向阳处集中或单独建造，一家一个谷仓，互不干扰，为的是防火以保护粮食的安全。过去有的地区谷仓就建在耕地中心地带，这样便于储藏粮食。现在大家用铁皮桶来储存积谷，防鼠、防盗，取用都很便利，也可直接存放在室内，就不再使用谷仓了，谷仓室仅用于堆放杂物。

（三）五指山市南圣镇牙南村金字屋

牙南村，位于五指山东南部，是苗族聚居的村落。

直到20世纪70年代初，牙南村金字屋才逐渐消失。截至今日，海南苗族的金

图5-32　初保村鸟瞰图

图5-33　初保村金字屋村落

图5-34　初保村金字屋

图5-35　初保村金字屋谷仓

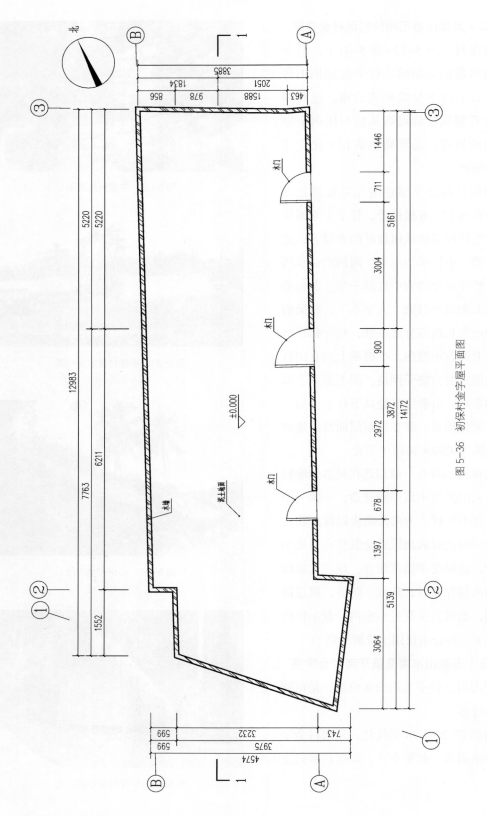

图5-36 初保村金字屋平面图

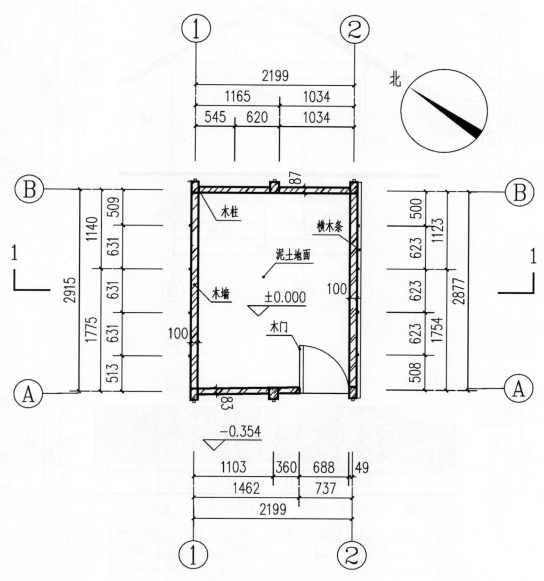

图 5-37 初保村谷仓平面图

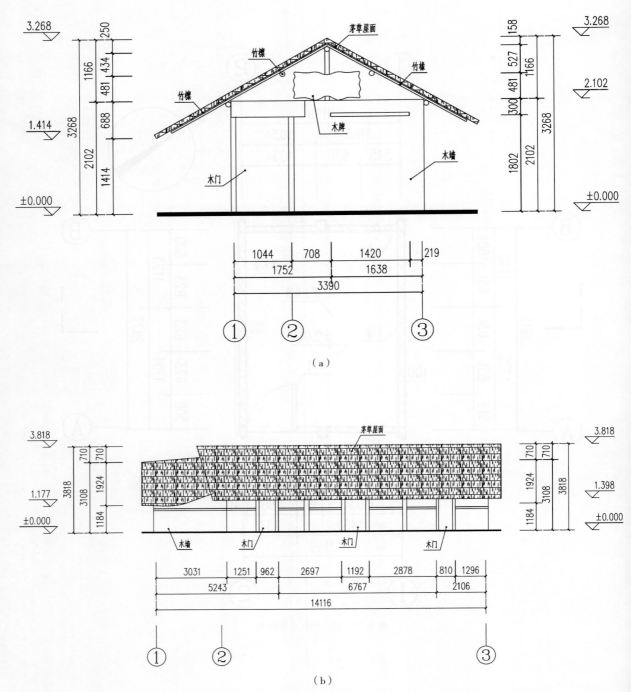

（a）

（b）

图 5-38　初保村金字屋立面图

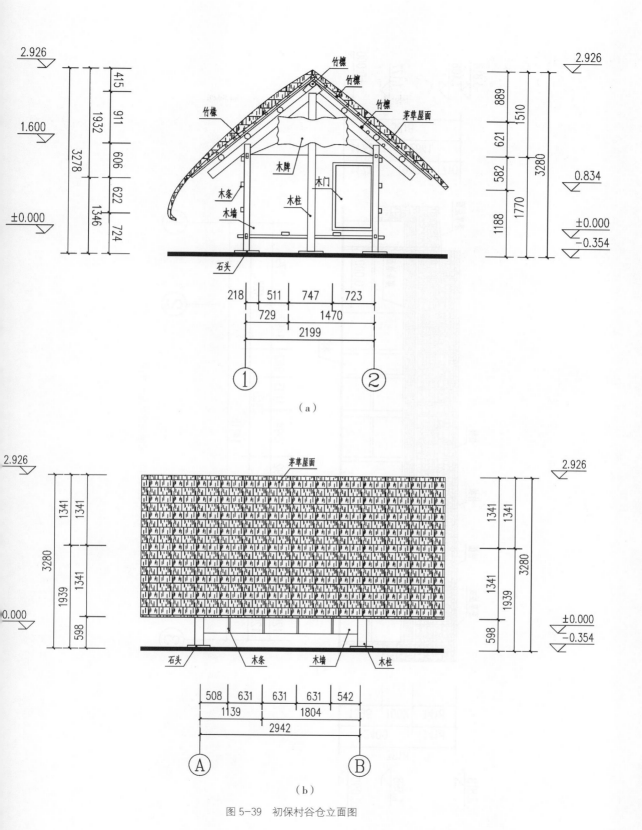

图 5-39 初保村谷仓立面图

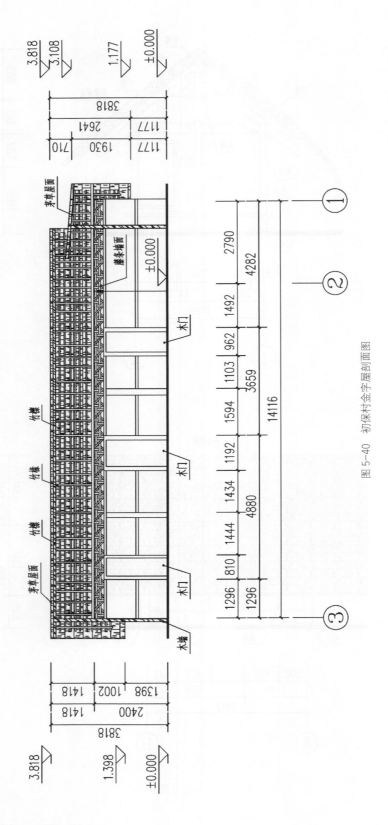

图 5-40 初保村金字屋剖面图

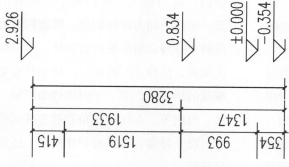

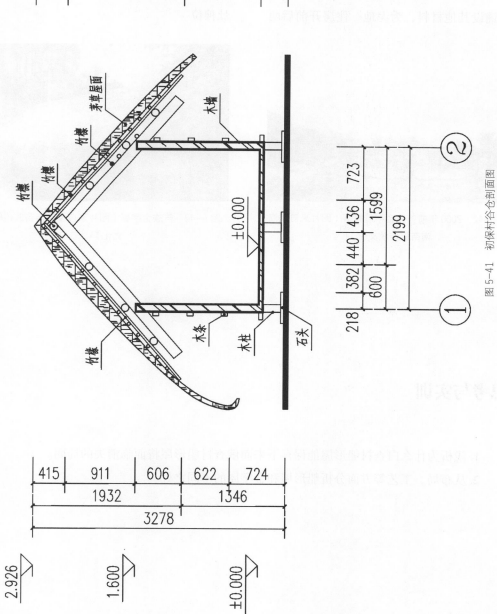

图5-41 初保村谷合仓剖面图

字屋均已消失，不复存在（图5-42、图5-43）。1993年全村都住上了瓦房，2005年开始建平顶房。

搭建苗族传统的金字形茅草屋一般选用坚硬粗大且不生虫的格木。屋顶架梁用红白藤（多数用红藤）绑紧，纵横结构，再加以茅草片，一层层地铺盖屋顶。地面不铺设其他材料，为泥地。住房开前后两个门，前门较大，后门稍小，一般不对开。屋内中间为厅和厨房，两边用竹篾围成两个睡房。厨房里设有炉灶，由三块石头堆成，简称"三石灶"，灶上挂有毛竹编成的烘物架，架上平时烘烤山栏稻、玉米、兽肉等。在厅的左角靠近左睡房的地方，设一神龛，在正对炉灶的墙上还设有灶神位。

图5-42　2000年前苗族金字屋村落（图片来自《海南苗族传统文化》）

图5-43　苗族金字屋（图片来自《海南苗族传统文化》）

思考与实训

1. 浅析为什么白查村船形屋能保存下来而俄查村船形屋将面临消失的局面。

2. 从布局、工艺等方面分析船形屋和金字屋的不同之处。

第六章

海南民居建筑的营造与装饰

一、木结构的形制与方法

由于地理、历史等因素的影响，海南木作大多数毁损严重，保存至今的古建筑不多，现存完整的木构建筑，大多经过重修。

（一）海南木作原材料

海南木作常用的原材料里有花梨木、菠萝格、坤甸木、菠萝蜜、黑盐木、老椰树、海棠树、苦子木、马尾松、樟子松、香樟木、楠木（金丝楠）、榉木等。其中苦子木虽然木质比较好，但在民间有人认为苦子木意味着主人子孙苦难繁多，不适合作栋梁之材；花梨木砍伐之后根部随即会枯死，并且不能再生，故民间认为此木不够繁茂，容易断子绝孙，所以也不适合用作屋梁。

（二）海南木作基本结构形式

海南在古代被当作贬官谪宦的流放之地，这些官宦在为海南文化带来巨大革新的同时，也为建筑发展带来了多样性。此外，多民族杂居、不同文化的相互渗透，让海南创造了多种建筑形式，如黎族的竹木结构船形屋、南洋风格骑楼等。海南木作结构形式主要有：抬梁式木屋架结构搭配两侧砖砌山墙（图6-1、图6-2）；中间穿斗抬梁式混合木屋架搭配两山墙穿斗式星架（图6-3、图6-4）。

抬梁式木结构屋架形式的基本构成要素有柱（柱础）、梁、瓜柱、檩、椽。

图6-1 东坡书院

图6-2 苏公祠

图 6-3　澄迈李氏宗祠

图 6-4　定安张岳崧故居

1. 柱及柱础

柱，（图 6-5、图 6-6），是一种直立承受上部荷载的构件。柱作为竖向木结构构件，与横向的木结构构件梁、檩、枋等结合，组成屋架。海南民居建筑的柱身多采用菠萝蜜树干、高档黑木或者楠木，一般不作装饰，部分涂漆。房屋主堂两排中柱的大小是体现整栋建筑价值的重要标志。

柱础位于柱和台基之间，是衔接两个部分的结点。柱础一般位于大门前廊，全部采用花岗石，吸水率低，可以很好地保护木柱，避免其受潮。柱础有很多雕饰或线条，其豪华程度反映了家族富裕程度，宗祠的柱础雕花能代表家族地位、势力。

2. 梁与瓜柱

梁一般采用菠萝蜜、黑盐木、海棠木等。木材原料直接窖干后，简单去掉树皮至表面光滑即可用，不用加工成方材。

瓜柱（图 6-7）是一种立于梁枋之上的短柱，由垫木演变而来，用于支撑脊檩（屋脊上最高的一根横木）。瓜柱在海南传统民居中被广泛使用，除了瓜形，亦有方形和动物等形状，装饰方式有髹漆、彩

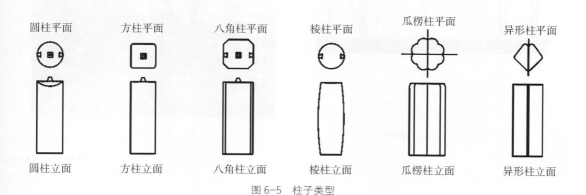

| 圆柱平面 | 方柱平面 | 八角柱平面 | 棱柱平面 | 瓜楞柱平面 | 异形柱平面 |

| 圆柱立面 | 方柱立面 | 八角柱立面 | 棱柱立面 | 瓜楞柱立面 | 异形柱立面 |

图 6-5　柱子类型

图 6-6 柱

绘和贴金。木雕艺人将立柱雕刻成瓜状，寓意子孙繁茂、多子多福。

瓜柱造型的变化之多，则可以反映出海南木结构融汇了全国各地文化的个性与特色。瓜柱造型主要有双榫短圆瓜柱、月牙瓜柱、三角瓜柱、方形瓜柱、仿生瓜柱等（图 6-8~图 6-12）。

3. 檩和椽

檩是架在梁头位置沿建筑面阔方向的水平构件，其作用是直接固定椽子，并将屋顶荷载通过梁向下传递。檩的名称随其梁头所在的柱的位置的不同而不同，如在檐柱之上的称"檐檩"，在金柱之上的称"金檩"，在中柱之上的称"脊檩"。椽是装于屋顶以支持屋顶盖材料的木杆，可分为椽子、椽条、飞檐椽等。

檩在海南古建木构架中处理极为简单，檩体很少有装饰，只有极少数在檩头处与其他构件一起进行装饰。

瓜柱

图 6-7 瓜柱示意图

图 6-8 月牙瓜柱

图 6-9　文昌孔庙三角柱

图 6-10　崖城学宫仿生瓜柱

图 6-11　三亚保平民居方形瓜柱

图 6-12　海口侯氏宣德第双榫短圆瓜柱

（三）木结构基本营造方法

1. 木柱制作

木柱制作基本步骤如下。

①在柱料两端直径面上分出中点，吊垂直线，再用墨斗画出十字中线。

②圆柱依据十字中线放出圆心线，根据两端圆心线，顺着柱身弹出直线，依照此线用斧将木料做成八方形，再重复此动作，直至将柱料砍圆，并同时用刨将其刮净。

③方柱依据十字中线放出等距线，柱头也有略微收分。按等距线将四面刨平后，四角起线，再制作出对应的线脚。

④选定各柱位置，用墨笔在柱料上做记号，将质量较好的一面朝外。

⑤按照柱子所在位置、与其他构件的关系，画定其结合位置，由大师傅将所需加工的尺寸标注在柱上，然后凿出榫卯位置。

2. 木梁制作

木梁制作基本步骤如下。

①在梁两端画出立线，再画出梁底线、梁顶线、梁两肋线及各面间的转折切面线。

②用棉线在两端拉线后弹画在梁身各面上，用斧和刨将梁身刮净，再用丈杆点出梁头外端线及各步架中线，用方尺勾画到梁的各面。

③画出各部位榫卯眼、瓜柱眼等构件结合位置。凿榫卯眼、瓜柱眼，刨平梁身，截梁头。

3. 木檩制作

木檩制作基本步骤如下。

①在枋料两端弹出迎头中线。

②在枋身上下面弹出顺身中线，按尺寸标出面宽、净面宽及加上榫长的尺寸线。

③依照顺身中线，用抽板从柱头卯口确定枋肩及榫头的形状尺寸。

④用锯将木料的榫头部分切分好，并核对尺寸。

二、砖石结构的形制与方法

海口历史上曾发生多次火山喷发，至今保存了几十座环杯锥状火山口地貌遗址，给海口石山、羊山地区提供了丰富的火山石建筑材料。

海南中部、南部的难熔黏土使这些地区的青（红）砖、青（红）瓦文化流传至今。

砖石结构的耐用性，较好地保存了海南丰富的古建筑，如海口的火山石民居、墙垣，儋州敬字塔，文昌的十八行村，以及各地形形色色的砖塔、石塔、牌坊、石桥，映射出了海南传统建筑技术结晶和多重杂居的民族文化。

（一）海南古建的砖、石、瓦材料

海南盛产火山石，分红色、黑色、灰色，多用于民居、城墙。花岗石由于难加工，用于建筑的不多，但在台基和桥梁部位常见。青（红）砖有九分砖、八分砖、七分砖等，主要用于民居、庙宇、祠堂等。海南瓦材与我国其他地方有明显差异，主要体现为沟瓦薄、宽、短和盖瓦厚、小、圆。

（二）砖石作基本结构形式

海南古建筑中的主要砖石作基本结构形式有以下几种。

①平筑。这是常见于墙体、台基的主要施工技术（图6-13~图6-17）。

②拱。这种形式主要见于拱桥、拱门、拱形窗、民居外廊等（图6-18、图6-19）。

③石柱、石梁、支撑。石柱主要用于檐柱、坊门，石梁常见于一些低跨度窗过梁、坊门梁（较高大），支撑用于坊门等（图6-20）。

④叠涩。叠涩常用于出檐或抬高起拱。叠涩出檐的方法常用于砖塔的腰檐，类似于斗栱出檐技术，叠涩抬高起拱的方法常用于跨度小的砖结构门窗洞开口，如砖塔的门洞（图6-21）。

（三）海南民居中砖石瓦的应用

1. 台基

通常民居、祠堂的台基为二至三步，府第有三至五步。台基（图6-22）部分由花岗石或青砖砌成。阶条石用精制花岗石，厚10~12厘米，长约100厘米，宽40厘米。陡板石用粗制条石，高20厘米，长100厘米，宽40厘米。埋石采用带榫条石。

2. 柱

由于海南雨水多，容易导致檐口柱头腐烂，因此海南古建筑中常用石柱替代木柱。柱下端主要通过榫接于柱础中，上端通过木梁穿斗固定并通过拱与墙衔接，同时通过挑梁抵抗水平推力（图6-23）。

3. 墙和照壁

海南古建筑中墙体有的用于建筑四周的围护结构，有的作为承重结构山墙，还有的房屋中间有木结构墙体（图6-24）。

图 6-13　方石墙

图 6-14　火山石墙

图 6-15　片石墙

图 6-16　砖墙

图 6-17　台基

图 6-18　骑楼拱形窗

图 6-19　海口骑楼外廊

图 6-20　海口登龙坊石梁、石柱

a. 砖塔叠涩起拱　　　　　　　　　　　　　　　　b. 砖塔叠涩出檐

图 6-21　叠涩

图 6-22　台基

　　a. 整石柱　　　　　　　　　　　b. 砌砖柱　　　　　　　　　　c. 砌石柱

图 6-23　砖（石）柱

a. 火山石民居　　　　　　　b. 红（青）砖民居　　　　　　c. 定安古城民居木隔墙

图 6-24　墙

火山石民居墙体是无缝无浆堆砌火山石而成的。殷实人家的火山石墙打磨平整，砌筑质量很高。普通家庭用的火山石表面粗糙，缝隙很大，光线可从外面透过缝隙进入墙内。

红（青）砖古民居墙体一般采用石灰砂浆砌筑，而条件普通的家庭较多采用红泥浆砌筑，石灰砂浆抹缝。

海南民居大都设置有照壁，主要有两种布置方式：一种是布置在前院中轴线上，与庭院成对景；另一种则是布置在前院侧面与入院门相对。墙体基层采用跟建筑相符的材料砌筑，而顶面装饰则风格各异，主要有砖蚀、瓦蚀、灰塑三种。

4. 屋顶瓦结构

海南民居建筑屋顶的瓦，一般都采用黏土瓦，只有庙宇建筑才用琉璃瓦。民居、府第多采用硬山顶，祠堂和庙宇则多采用歇山顶。

由于海南雨水很多，而且都伴随大风，雨水很容易侵入房间，台风又使得瓦屋顶很容易被揭掀，因而海南的瓦作相当考究，它兼顾防雨、防风、隔热等多重功能（图 6-25）。

图 6-25　瓦

①双层板筒瓦砂浆裹垄屋面。这种屋面的做法是将双层沟瓦（弧度较平、宽）、双层盖瓦（小筒瓦）、盖瓦与屋脊都用砂浆成道压实连成片，檐口处退 20~30 厘米只做一层沟瓦（图 6-26）。

②双层叠涩板瓦、砂浆裹垄筒瓦屋面，板瓦叠涩铺设两层，一层盖瓦（筒瓦）石灰砂浆裹垄（图 6-27）。这种铺设的外观效果和常见的单层叠涩板筒瓦屋面一样，但防水防风效果大大提高。此外

图 6-26　双层板筒瓦砂浆裹垄屋面

图6-27　双层叠涩板瓦、砂浆裹垄筒瓦屋面

图6-28　白藤

还有平铺和叠涩铺相结合的双层板筒瓦屋面，这种铺设方法的防水防风效果远远不如双层叠涩板瓦、砂浆裹垄筒瓦屋面。

三、藤草的应用

（一）海南藤草材料

　　红、白藤，茅草和葵叶是海南民居建筑的常用材料（图6-28~图6-31）。黎族船形屋便是用红、白藤扎架，在拱形的人字屋顶上盖以厚厚的芭草或葵叶建造而成的。茅草屋面有较好的防潮、隔热功能，而且能就地取材，拆建也很方便。

图6-29　茅草

图6-30　红藤

图6-31　葵叶

图 6-32　编织茅草夹

图 6-33　盖草

（二）藤草在海南民居中的应用

在海南民居建筑中，藤草主要用于船形屋和金字屋的建造。

作为建筑材料的藤草有：红、白藤，茅草，等等。红、白藤为扎房子用，可随时采用，茅草要早有准备。一般盖一间房屋需要两亩地的茅草，要年年烧荒、勤除杂草、砍荆棘，让茅草长得又粗又长，便于用于铺房顶。稻草泥是用干稻草混沾泥土用以糊墙壁的材料。建造房屋的最佳时节是每年十月后至春节前，因为秋冬季节茅草已长老，此时编成的茅草排比较柔韧、耐用。

在建造过程中一般先以竹子搭构框架，然后把编好的茅草夹（图6-32），一块一块举上房顶进行覆盖，覆盖2至3层厚度（图6-33），同时用稻草泥糊来筑墙壁。

第二节 ┊ 海南民居建筑装饰

建筑所呈现出的艺术气质，除了建筑的大体造型之外，还应该包括装饰、色彩、材料等方面。建筑装饰是建筑艺术表现的重要手段。建筑装饰常附属于建筑结构或者建筑构件之上，其目的是起到美化建筑和保护建筑的作用。

建筑装饰以特定元素符号及其组合作为文化载体，它与文化背景及地域特征息息相关、不可分割。海南独特的地理环境，造就了它独特的文化特性。海南传统民居建筑装饰以中原文化为主体，同时积极吸收周边文化，形成了多元的文化特征。

海南传统民居建筑装饰手段主要有砖作、石作、小木作、彩绘、灰塑等。这些装饰手段在建筑中体现了它的艺术价值，还在独特的海南气候环境中对建筑的构件起到了保护作用。如屋顶瓦上加灰塑、压瓦带等装饰，对常年受到台风袭击的海南建筑有一定的保护作用；建筑两边高起的山墙装饰可以起到防风防火的作用；一些木作上的油漆彩绘可以起到防腐蚀的作用；在建筑墙体构件上镶嵌彩绘瓷砖可以防止海风对墙体的侵蚀。

建筑装饰工艺经过长期的发展和传承，其装饰所传达的文化内容也渐渐形成了一种固定的格式，或者说已成为了一种约定俗成的表达符号。建筑装饰所运用的元素并不多，但不同元素的有机组合，可以让建筑装饰变得丰富多彩。

一、木雕与石雕

（一）木雕

海南的古建木作本质上是遵从了我国传统的营造法式，但也有其自身特点。海南在木构件的装饰处理上常使用木雕，例如建筑木作梁架、屋架、木构件、门窗、隔断、金柱、家具等（图6-34~图6-37）。

图 6-34　木门

图 6-35　木梁

图 6-36　木构件

图 6-37　家具

图 6-38　瓜柱

图 6-39　梁头木雕

图 6-40　门窗木雕

海南的木作选材丰富多样，有些选用当地木材，有些从东南亚买进。大量木材的使用逐步推动了海南木作的发展，涌现出一些技艺高超的木雕作品。

海南常见的木雕装饰工艺主要有线雕、浮雕、暗雕、透雕等。因为海南有大量来自闽南的移民，所以传统的闽南木雕技艺也随着移民迁入被带到海南来。同时，海南的东南亚华侨很多，侨民回到家乡之后兴建楼房时，一些具有吸引力的东南亚风格装饰也被运用在木雕中。各种不同文化的融合，使得海南传统的木雕装饰丰富多样。

海南木雕装饰多运用于门窗和室内装饰，此外，梁架、柱头等结构构件也多有装饰，例如瓜柱、梁头等（图 6-38~ 图 6-40）。因为海南常年气温较高，多数建筑采用木作的镂空门窗，而其它更多的建筑装饰还是以实用为主，对美观的要求不高，只有比较富有的人家才会注重装饰。

木构装饰另一重要部位是前廊装饰。前廊在祠堂、庙宇等公共建筑中很重要，起挡风、分散客流的作用。前廊装饰一般是雕刻凶悍的古代动物作辟邪用（图 6-41、图 6-42）。

神龛无论是在宗祠、庙宇还是民居中都有，居民在出门远行、传统节日时都要祭拜神龛，因此这成为了建筑厅堂空间的重心，是一个家庭、宗族、坛庙的地位的象征。神龛在海南古建筑中的样式很多（图 6-43~ 图 6-45）。

图 6-43　文昌孔庙神龛

图 6-41　万宁潮州会馆廊雕

图 6-44　乐东吉大文祖屋神龛

图 6-42　海口侯氏宣德第廊雕

图 6-45　海口侯氏宣德第神龛

（二）石雕

石雕，指用各种可雕、可刻的石头创造出具有一定空间的可视、可触的艺术形象，借以反映社会生活，表达艺术家的审美感受、审美情感、审美理想的艺术。石雕亦称"石刻"。

石雕在闽南和岭南建筑中运用较多，受这两个地区的影响，海南传统建筑中也常使用石雕装饰。但海南地区石材大多数为火山石，虽石质坚脆、耐磨、耐压，却不利于雕刻。所以海南岛在石雕的选材上受到限制，石雕工艺的发展比较缓慢，优秀的石雕作品很少。

海南民居中常见的石雕有门枕石前面的抱鼓石，即大门前的一对石刻装饰小品，用石材刻成石鼓形状，上部透雕卧兽，下部是石刻的须弥座，在石鼓心上浮雕许多花纹。

石雕的载体材料要质坚耐磨、防水防潮，常用于受压构件装饰。石雕常用于柱、柱础、门槛、台阶、台基、栏杆、栏板等位置（图6-46）。

二、灰塑与彩绘

（一）灰塑

灰塑另称"灰批"，是我国传统建筑中常用的一种装饰手法，在各地均有应用。由于各地的地理位置不同，所选用的材料也不同，灰塑的工艺也不同。明清时期，闽南和岭南传统建筑中灰塑工艺得到了空前的发展，其灰塑水平也达到了巅峰。闽南和岭南的移民将灰塑工艺带到海南，这一工艺在海南得到广泛的应用和发展。

调查资料显示，海南岛地区大部分建筑都或多或少地采用了灰塑工艺，而其常见部位一般为建筑的脊饰、墙面、八字带门窗套等。民居的灰塑风格较为质朴，多以花草、祥云、鸟兽等元素为主，简洁朴素（图6-47）。

1. 灰塑的制作步骤

灰塑的制作一般包括以下五个基本步骤。

①炼制灰泥，即将原材料石灰通过特殊的配制和加工，制成有一定的强度又有

图 6-46　石雕

图 6-47　灰塑

较高的可塑性和柔韧性、可以满足各种造型需要的灰泥。灰泥的质量好坏是灰塑成功与否的关键。灰泥的制作要先将石灰和水充分混合，过程中不断用重物对石灰进行锤打，称为"舂灰"，直到制出浆体细腻、黏稠度高、耐风化的灰泥；再将调制好的灰泥置于塑料袋中捂15天以上"养灰"后，再进行捶打发黏至拉丝状。有经验的艺人在制作灰泥的过程中，还会加入红糖、糯米粉，以增加其黏性和吸水性。

②构图。艺人根据建筑空间和装饰部位的需要，直接在建筑物上设计图案，并根据装饰部位的不同，结合其实用功能，采用不同的表现形式、装饰手法和构图内容。灰塑装饰没有固定的模式，全由艺人在现场施工制作，因而具有很大的灵活性和随意性。

③批底，即制作造型底子。根据造型需要和表现对象突出于墙面的距离，运用平面做（平雕、浅浮雕）、半边做（高浮雕）、立体做（圆雕）等技法，用瓦筒、瓦片或红砖等堆成骨架，选用质地比较好的草筋灰加纸筋灰按体积1∶1等比配合成打底灰，塑形后，待底灰即将干时，再堆第二层纸筋灰，待干后，压实上色即可。

④塑型，即对物象进行细部塑造。用相对细腻和柔滑的"纸筋灰"，塑造物象细节。

⑤上彩。遵循"先里后外、先大后小、先深后浅"的原则，在完成的造型上绘上色彩。一部分颜料是用"纸筋灰"调制成的"色灰"，是灰塑的主体颜色；另一部分颜料单独使用，待灰塑干到七成方可动笔，以让颜料借助石灰硬化的过程牢牢地附在灰塑的表面，从而保持长时间不褪色。

2. 灰塑在海南建筑装饰中的应用

灰塑是建筑装饰中的重要内容，也是海南传统建筑装饰中重要的表现形式之一，有其丰富的美学内容。灰塑装饰的美，主要体现在"古""美""意"的审美意识上。

灰塑的魅力在于"古"。灰塑具有强度高、耐酸、耐湿的特性，可以保持一两百年以上，它适合海南的高温高湿气候，制作方便，不像砖雕、石雕、木雕那样对原材料要求苛刻，因此，灰塑在海南传统建筑中得到了广泛的应用（图6-50、图6-51）。

灰塑的吸引力在于"美"，海南人习惯用灰塑来点缀、装饰、美化建筑，经常用在门额窗框、山墙顶端、屋檐瓦脊、亭台牌坊等处。其表现题材丰富多样，常见的有神话传说、戏曲人物、民俗风情、祥禽瑞兽、花果草木、吉祥文字等。表现形式有多层式，有浮雕式，也有固雕式。

灰塑的想象力在于"意"。灰塑作为传统工艺，外观体现出了材质、结构、造型等美学特点，但就单纯的装饰形式而言，灰塑是一种介于中国传统绘画、雕塑、图形纹样之间的装饰艺术，它既包含中国传统艺术"以形写神""追求意境""外师造化"的审美思想，又在构图

图 6-48　许达联灰塑大师在造型制作中

图 6-49　许达联灰塑大师在工作中

布局、形象塑造、应物随类、意境营造等方面借鉴和运用了大量中国传统艺术的表现手法。传统纹样图案是一种经常在灰塑作品中出现的装饰形式，其通常是对人物、动物、植物、日月星辰进行极度抽象化的结果。灰塑作品向世人传达着中国传统文化和丰富多彩的地域风情，把传统文化与审美标准巧妙地结合起来，具有深厚的文化内涵。

以海南建筑中常见的屋脊灰塑为例。传统的建筑多将屋脊灰塑作为建筑的重点装饰，尤其民居中屋脊的尽端装饰更具有地方特点。此外，屋脊直接以天空为背景，脊饰是屋顶以天空为背景的轮廓线，具有清晰的装饰效果。

屋脊通常以青瓦竖侧砌，也有用砖砌的。脊尾用石灰做成鸣尾、盘子等装饰物，有时简化到仅用脊身翘起、下面垫点装饰物作为结束。脊的中部装饰花样很多，有空花纹、人物、宝顶等。脊饰的纹样体现了地方手工工艺水平，翼角起翘的飞檐脊饰也是地方特征的标志。

（二）彩绘

彩绘是中国传统建筑中常用的一种装饰形式，在海南传统建筑中也多有应用。建筑彩绘又称"墙身画"，即通过彩绘工艺在灰底上绘画，其装饰部位、形式、材料等方面都有独特的处理方式。传统彩绘在建筑上的位置是有讲究的，一般都是在门楼正中上端和两侧墙上端、正厅横称、

图 6-50　门楣灰塑

图 6-51　廊檐墙灰塑

图 6-52　建筑彩绘

图 6-53　梁柱彩绘

人字檐、正厅大门两侧墙体、门窗拱等处进行彩绘装饰，这样的布局使得整个建筑给人以典雅庄重之感。

　　传统彩绘取材广泛，乡土气息浓郁。人们最喜欢在建筑里绘画民间流传的吉祥物，如在正厅横廊里常画的有象征喜上眉梢的"喜鹊登梅"，或是象征高尚品德的松、竹、梅，寓意金玉满堂的金鱼和海棠，表示连年有余的莲花和鲤鱼。正厅大门的两侧墙体上端常画有狮子戏球，门窗拱上常画象征延年益寿的松鹤及象征富贵的牡丹花（图 6-52）。

　　海南传统彩绘使用的颜色只有四种：群青、土黄、土红、黑烟。前三种是当地

矿物质制成的，只有黑烟是竹叶烧成灰后加水调制而成。

　　彩绘在海南民居建筑中的应用有以下几种方式。

　　（1）梁柱彩绘

　　梁柱上的彩绘有平涂彩绘和擂金画两种。一般在施画之前，常要"披麻捉灰"，即是先在木材表面抹灰打底，填补裂缝，然后披上麻布、刷灰，再上桐油漆，使得木材表面平整才方便作画，这样也可防止虫蛀腐蚀（图 6-53）。

　　（2）彩画通梁

　　彩画通梁，梁通常会依比例分成箍头、藻头及枋心（图 6-54），一般区分成五段，而描绘的题材常是山水、花鸟、人物。在颜料的选择上，一定是选取天然的植物或矿物原料，如银朱、松烟、石青、佛青、石绿、黄丹、藤黄、雄黄、赭石、朱砂等，因此色泽自然温润，历久不褪，有的会贴上金箔，给人以金碧辉煌的感觉。

　　（3）墙壁彩绘

　　墙壁彩绘（图 6-55），一般常见于

图 6-54　坊心

图 6-55 墙壁彩绘

图 6-56 陶塑脊饰

民宅中正厅两边的板堵，有用擂金画的，也有用平面彩绘的，绘画题材常是山水、四季花及瓶案、如意等。

三、陶塑与嵌瓷

（一）陶塑

陶塑瓦脊，又叫"花脊"，被广泛运用于屋宇、庙堂、宫观等建筑的屋脊装饰上，故也称为"瓦脊"，采用陶塑人物、动物、花卉进行装饰，体现了岭南地区汉族民间建筑装饰浓郁的地方特色。

陶塑瓦脊有正脊、垂脊和看脊之分，正脊多为双面，题材以人物故事为主，垂脊以花卉鸟兽图案为主，看脊是单面的。陶塑瓦脊使用琉璃釉彩，主要有黄、绿、宝蓝、褐、白五色，色彩鲜艳，日晒雨淋后还是鲜亮夺目，闪烁着漂亮的釉彩。脊饰的制作方法集贴、捏、搓、捺、雕、塑等多种陶艺手法于一体，其中以贴塑为主，都是手工操作。人物塑造着重在轮廓线条和动态上下功夫，简练粗犷，形象生动，富有情趣。因为瓦脊是被安放在建筑屋脊上，为了适合从下往上的远距离观看，脊上的人物图像被巧妙地进行了调整，人像适度前倾，并将头部比例

适当放大。

陶塑脊饰（图 6-56）在海南常被用于装饰庙宇、祠堂、会馆等大型建筑的屋脊，是先用陶泥雕塑，施以明亮釉色，再经高温煅烧而成，极具装饰效果，且固色耐久，适应海南多雨天气。

（二）嵌瓷

嵌瓷亦称"剪瓷雕"（图 6-57），为流行于广东东部潮汕地区，中国福建南部、台湾西部和海南等地区的一种传统建筑装饰工艺，属瓷片拼贴的一种。具体做法是以颜色鲜艳、胎薄质脆的彩瓷器（如碗、盘、壶等）或残损价廉的瓷器为原材料，使用粗钳、铁剪、木锤、砂轮等工具将其剪、敲、磨成形状大小不一的细小瓷片，进而贴雕人物、动物、花卉和山水等，并装饰于寺庙宫观等建筑物的屋脊、檐角、照壁、墙面和门窗框、门窗楣等部位。海南的剪瓷雕用途还不限于建筑物外部装饰，亦应用于工艺挂屏，摆设于客厅、佛堂内。剪瓷雕的题材以吉祥如意、福禄寿喜和花鸟虫鱼、人物故事为主要内容，其工艺兼具绘画的色泽感和雕塑的立体感，并可长年经受日曝雨淋、海碱侵袭而不褪色。

图 6-57　嵌瓷

图 6-58　临高文庙

　　起初的嵌瓷主要用在祠堂、庙宇及民居"四点金""下山虎"等建筑物的屋顶装饰，后来随着其欣赏价值的不断提高，艺人们将其制成便于搬运的艺术品小件供人们欣赏、陈列、收藏。嵌瓷题材广泛，或采用历史和民间传说中的英雄名臣、文人墨客来反映人民群众扬正压邪、勇于进取的精神面貌，给人鞭策和启迪，或采用寓意吉祥、富贵的花虫鸟兽，营造吉祥、长寿、如意、富裕、和谐等富有朴素情感的艺术氛围。嵌瓷因其风格写实、质感坚实、雅俗共赏、表现对象栩栩如生，深为海南人喜爱。

　　装饰在庙宇、祠堂、屋脊正面的嵌瓷，多以双龙戏珠、双凤朝牡丹等题材为主，线条粗犷有力、构图气势雄伟、色彩晶莹绚丽，以大动态大效果取胜。而装饰于脊头、屋角头的嵌瓷，多是文武加冠（三星图）立体人物。装饰于檐下墙壁的嵌瓷则多为花卉鸟兽、鱼虾、昆虫等。照壁上的嵌瓷，常见的是麒麟、狮、象、仙鹤、梅鹿等，其构图多采用两边对称的方法。嵌瓷装饰的表现手法有平嵌、浮嵌和立体嵌等。

　　嵌瓷工艺美术作品久经风雨、烈日曝晒而不褪色，在年降雨量大、夏季气温高且常有台风影响的海南地区具有其他工艺品无法代替的优势。嵌瓷艺术风格独特，布局构图气势雄伟、匀称合理，线条粗犷有力，设色对比强烈、鲜艳明快，在对比中求统一。

思考与实训

1. 列举你家乡的彩绘与灰塑的作品，并加以分析。
2. 从工艺方面对比分析陶塑与嵌瓷的不同。
3. 根据海南热带植物的特点，设计与制作一套木雕家居隔断。

第七章

海南民居建筑的保护、传承与创新

第一节 ┆ 海南民居建筑的价值与保护

城市的历史文化遗产是一笔伟大的文化财富，是城市发展的基础，是城市发展的一种不可或缺的资源。它作为城市的集体记忆，见证了城市的历史文明，是城市历史的一种延续，它像是一条纽带，将城市的过去、现在、将来串联起来，使得城市的传统文化、民族特色得以延续。

一、海南民居建筑的价值评析

对传统建筑价值的评析，是为了更好地理解海南的历史文化和建筑人文精神，更好地秉承传统、古为今用，从而实现历史传统与现实发展的有机结合，也是为了海南的城市发展走上更富内涵、更有品位的建筑之路。

传统建筑的价值并不仅仅局限于文化价值，还可从其历史价值、艺术价值及科学技术价值等方面加以阐述。

（一）历史价值

从宏观上看，海南传统建筑无论从形式还是地域特征、装饰符号来看都直接反映了海南各个时期各民族的生产和生活状况。如海南骑楼建筑反映了近代时期的海南人下南洋的经济情况和居住建筑风格状况。

从中观上看，传统建筑聚落的形成与发展也与某一族群的兴盛荣衰有着密切关系。如海口旧州镇包道村的侯家大院由包道村的侯氏先人所建，是一座具有100多年历史的海南民居院落，由四进式、三进式正屋和横屋组成，大小房屋有30多间，是海南目前整体保存较为完整，以家族聚居为特征，象征族群凝聚力，具有典型海南民间建筑雕刻特点的古民居建筑群。包道村侯氏大约在明末年间由广东新会来到海南定居，目前宣德第的宅院最早由侯氏迁琼七世祖德熙公修建，时间大约是在清朝乾隆年末、嘉庆年初（公元1800年前后），距今已有约200多年历史（图7-1）。

从微观上看，海南传统民居装饰细腻、构造精巧，记录了每一个家族的兴衰甚至其家庭起居和文化生活。从建筑的选址、布局、形制，甚至是建筑屋顶、檐口挑出的尺度，山墙的形制，女儿墙、窗楣的装饰，院落的树木花草等皆可窥知他们的生活状况和精神追求（图7-2）。

由此可见，没有传统建筑的历史是不完整的，传统建筑的历史文化价值是这个地方一定时期内生产力水平的重要见证，

图7-1 海口宣德第建筑装饰

图7-2 民居中堂

可以从传统习俗、传统工艺、精神信仰、价值取向多个角度对其进行研究和发掘。

（二）科技价值

传统建筑从原材料的加工到建筑营建完成的社会生产活动，集中体现出相应时代的社会生产力水平、社会经济状况和科学技术的发展水平，是当时科技价值的体现。评价传统建筑科技价值的标准是要参考当时所处历史阶段、生产力发展状况、农耕文明特质等因素，用历史的眼光来衡量其技术的先进性和经济性。

海南传统民居建筑在营造过程中所使用的技术是较为先进的，其正屋构筑方式采用抬梁式和穿斗式，山墙有穿斗式、硬山承檩式。正屋中间抬梁式的运用拓展了空间，是由其主人所拥有的财富和心理需求所决定的。传统民居建筑的各项营造技艺，尤其是中原抬梁式、穿斗式的运用，在某种程度上反映了海南建筑营造的技术已具有相当高的水平，对研究当地历史人文具有很高的价值。

（三）文化价值

传统建筑代表的是一种特有的地域文化，宗教信仰和民俗传统都通过建筑外在形式直接表达和显示。

实际上，传统建筑的文化价值正是以其完整的文化形态而体现的。这一文化形态不仅通过建筑肌理、街巷空间场景等物质表现，还把隐含于人内心深处的文化积淀、追求以及生活哲理通过雕刻吉祥符号、故事人物隐喻的形式呈现出来。传统建筑的屋顶形制、门窗图案、山墙、檐口、门楼的间架等都具有丰富的文化内涵。

（四）艺术价值

建筑的艺术价值包括建筑的类型、风格、地域特色、民族民俗、审美价值等，相对于传统建筑来讲，很多建筑部件在创造之初是解决实用和受力问题，不是以艺术创作为出发点。然而，原生原真的建筑形制、地域特有的传统工艺、地方特色浓厚的民族建筑艺术，这些精湛的技艺都具有很高的艺术价值。

如王邑村庙，它的主要作用是进行祭祀活动。这类祠祭建筑的艺术价值表现手法有雕刻、灰塑、彩画等形式。在梁、柱、枋板、瓜柱、驼峰、槛安、山墙、檐口、门柱、大门、前堂明间的两侧及前后

图 7-3　侯氏宣德第建筑彩绘

廊檐下，只要视线所及、目光所到之处，彩绘或雕刻都栩栩如生，有着浓厚的家族情怀（图7-3）。

二、海南民居建筑的保护工作

（一）海南民居建筑保护原则

做好海南民居建筑保护工作，有以下四点原则。

①真实性。历史和文化遗产的修复首先必须保留其遗留的所有历史信息和特征。在后期的整治中尽力做到"修旧如旧"，修缮应采用原材料、原工艺和原样式，以恢复其原有的历史面貌，使文化遗产"延年益寿"。

②整体性。历史文化遗产是与环境共存的，保护不仅仅是保护其自身，更是保护其周边环境。特别是对于城市、街区、地段、风景名胜区，要保护其整体环境，以体现其历史环境。对于历史街区和古城的保护和修复，既要保留其整体格局特征，又要体现出其文化内涵和形成要素。

③可读性。可读性即使我们在历史遗存上读出它的历史，就是要承认不同时期留下的痕迹，大规模拆除和重建不符合可读性原则。

④可持续性。可持续性保护是保护历史遗存的一项长期任务，保护古城不仅是为了保护珍贵的历史文物，更是为了留下城市的历史传统、建筑精髓，保护这些历史文化载体，培育出具有中国特色的新建筑和新城市。

（二）海南民间建筑保护标准

任何民间建筑都是在特定的历史条件下产生的，反映了当地的社会生产、生活方式、科技水平、工艺技能、艺术风格、风俗习惯等，因此，我们对海南民间建筑的保护提出以下标准。

①人口普查备案，了解家庭背景。建议建设、文物、旅游等单位组成专业队伍，对全省具有保护价值和旅游开发价值的村落、民居进行全面调查，并进行登记、归档、评估。

②完善管控机制，强化保护措施。对有古村落条件的村庄，由建设、文物、规划、旅游等行政主管部门组织专家进行评审，确定是否纳入保护范围，并按现有价值进行分类，报省、市、县政府审批公布，并纳入文物保护管理范围，落实日常维护费用。对于历史和艺术价值较高、损毁严重、急需修复的古民居，政府应按照"按日修复"的原则，筹集资金，进行抢救性维修。

③注重编制规划，及时推进建设。要把古村落保护纳入城乡建设和旅游发展规划，注重现有古村落和古民居的保护和建设，防止对村落的风俗习惯和外观特征造成建设性损害。

④提炼美学精髓，建设美丽乡村。将古村落、民居保护与美丽村落建设、旅游

开发结合起来。建设美丽乡村试点村庄，选择历史风貌较好的古村落和具有特殊价值的古民居作为试点。

⑤坚持保护第一，明确发展方向。正确处理发展与保护的关系，坚持"保护第一、抢险第一、合理利用、加强管理"的工作方针，建立相应的保护管理机构，明确保护责任，完善保护管理制度。

⑥科学保护开发，严格执行制度。对具有保护和开发价值的古民居，应优先保护，禁止村民随意拆除和重建；对于与原有建筑风格不同的新建建筑，应严格执行规划管理和审批制度。

⑦建立展示场所，有效开展展示。建立集中展示场所，利用现有的传统建筑，通过记录成册等物化措施，结合展示，对其进行有效的保护和宣传。

保护文化遗产，传承人类文明，是一项全国性的系统工程，必须充分调动当地居民的积极性。在美丽乡村建设中，要

图 7-4　作者一行在考察调研中

高度重视古村落和古民居的保护，始终怀着敬畏和尊重的心，使海南美丽乡村呈现出多样性、地域性、民族性和文化传承性（图 7-4）。

第二节　海南传统街村与民居的有机更新

一、传统地域建筑有机更新的意义和重要性

（一）传统地域建筑有机更新的意义

在当代一些人的思想或者设计中，存在着一些极端的做法与意识。传统建筑文化走到极端就变成：完全遵循老祖宗留下来的传统外表形式，凡古代建筑都应原封不动地加以保留，不能改变，以为遵循传

统就不能创新。其实现代建筑与地域性的传统建筑都是有机的继承与发展。传统建筑也要有机地向前发展，也需要随着时代的发展去有机更新。传统地域建筑的形成和发展都是由特定的地域和特定的历史所赋予的，它承载着一个城市发展演变的轨迹，展现了当地的地域特色与典型风貌，反映着当地历史文化的宝贵价值，保存着城市的"记忆"。人们通过对传统地域建筑的研究，在保护原有历史文化的前提上，可使其精神得以传承与发展，同时体现时代的特征。

（二）传统地域建筑有机更新的重要性

传统的地域建筑已不能满足人们当下的需求，因此，我们需要对传统建筑进行有机更新，即在当前的建筑设计过程中，充分考虑传统地域建筑的优势，并设计出更加合理、更符合现代社会生活的需要的民居建筑。近年来，随着经济水平的提高，一些村民在传统村落新建了房屋，而在没有相应的保护措施和规划的情况下，新建房屋的选址和建设相对随意，或者是旧的自住房屋采用现代材料进行翻新和重建，或者是新建房屋在私人地块上进行重建。这些新建筑使用了混凝土、钢筋和陶瓷砖等现代材料，有些甚至采用了与周围环境非常不协调的装饰风格，破坏了原有村庄的面貌，使其生活质量提升与传统生态环境保护之间的矛盾日益突出。

目前，随着科学技术的进步，新的建筑技术可以解决传统建筑无法解决的问题，促进传统建筑的发展和进步。另外，城市土地资源的匮乏也使得传统地域建筑的有机更新更具可行性。

二、传统地域建筑有机更新的策略与举措

传统地域建筑是当地历史文化的载体，体现着当地特有的场所精神和文化底蕴。传统地域建筑及其外环境改造的目标就是要使当地的特色及传统文化得到传承，使之在满足新的时代要求的同时得以延续，免遭破坏（图7-5）；并在保护和更新的过程中结合时代发展，注入新的内容，使之焕发新的活力。美国建筑师赖

图7-5　清澜半岛会所建筑形态对传统元素的传承

特认为："只要基地的自然条件有特征，建筑就应像从基地自然生长出来那样与周围环境相协调。"中国传统"天人合一"的思想，肯定了自然与精神的统一，从而生出一种接近自然、欣赏自然与崇尚自然的美学态度。在旧建筑改造中保留有"时间感"的"生长痕迹"，是尊重其"生命年轮"的表现。传统的营造活动就是对自然的充分利用和适应，在建筑的位置选择、定向、布局、路径组织、群体外廓等方面，都反映出其与周边环境的协调。但由于社会的进步和生产力的发展，人们建立起对自然的话语霸权，把与自然的平等对话演变成单方面的"强词夺理"，并进一步地对环境进行肆虐、改造和破坏，这是不利于地域建筑群的有机更新的。随着建筑改造与可持续发展的并轨，传统地域建筑的有机更新不仅要解决经济问题，还要改善当地居民的生活环境，进行适当改建、新建、扩建。而传统地域建筑有机更新进行的手段与方法又因资金、规划、技术、决策和城市文化及特色等各种因素的不同，形成各种不同类型的更新模式。

（一）建筑群中原有建筑与环境的更新

建筑群的存在与发展是与周边的环境相互依赖、相互关联的。自然环境对建筑规划的形式与空间的塑造有着深刻的影响。人们在长期生产实践经验的积累下发展起来的建筑形式，是符合当时的社会经济和文化背景的建筑形式。建筑是根据当地的地理条件与人们的生活习惯，巧妙地利用当地的地形地貌来进行建筑规划布局，与周围环境相互衬托，在视觉上有着独特的魅力。建筑群中原有建筑与环境的更新可以通过对原有部分建筑的更新达到改善空间的效果。根据传统地域建筑形体表现形式，原有建筑与环境的更新可分为以下几种：共构型，即建筑与周边的环境共同组合，塑造符合周边环境的景观；超越型，即强调建筑功能分区与周边环境的有序结合；融入型，即注重对原有环境的维护，并强调建筑与周边环境的融合。传统地域建筑的有机更新要营造出良好的人居环境，一个重要的前提是需要强调对原有环境的融合及地方历史文脉的继承，因此在传统地域建筑有机更新的过程中就要求尽可能多地保留原有自然环境，有效减少对于周边环境的破坏。强调对原有环境的保留可以有意识建立起建筑与环境在肌理质地上的联系，通过对建筑表面的处理来保持与周边环境的一致，以实现对建筑群中原有建筑与环境的更新。

（二）原有建筑群中加入新的建筑体

在传统的地域中保留原有的建筑是保留传统符号的重要方法，传统符号的保留有利于唤醒人们对传统的回忆。这对传统地域建筑的保护和更新是十分有效的做法。然而，一个地域的建筑是发展的，并不是一成不变的，就如一个社会总是需要新的力量注入才能推动社会向前发展。如果仅用梁思成先生的"修旧如旧"的原则来对传统地域建筑进行保护和更新，那么传统地域建筑就会陷入一个僵局，地域性建筑就很难向前发展。为了推动地域性建筑的发展，在实际的过程中可在原有建筑群中加入新的建筑体。其原则应该是从宏观的地域性出发，将新建筑作为原有建筑群内更新过程中的"有机物"，去补充原有建筑空间的不足。与此同时，新建筑不能简单地沿袭传统地域建筑的样式，而是要结合当前时代的发展，借助多种手段来满足新功能的需要，创造性地继承传统文脉和地域特征，并为原有建筑群注入新的活力。它更不是一项独立的设计，而是要对原有建筑群的空间环境的进行合理地分析，使得新的建筑的空间体量、比例尺度、色彩肌理等方面与原有建筑群环境相互联系、相互协调。尊重并完善原有建筑群的空间秩序和架构，通过填充"有机物"对原有建筑群的环境进行完善，保证传统地域建筑连续而有机地成长。

三、运用三维激光扫描技术对传统地域建筑实施测绘

（一）三维激光扫描技术的概念

三维激光扫描技术是一种集成了多种高新技术的新型测绘技术。通过高速激光扫描测量的方法，能够大面积、高分辨率地快速获取被测对象表面的三维坐标数据，同时可以通过专业软件和测量数据准确建立物体的三维实体模型。目前，三维激光扫描技术的自动化程度、测量能力、人力成本、测量速度、数据处理效率等整体优于其他测量技术（图7-6）。

（二）三维激光扫描器的工作原理

三维激光扫描器，是通过内部的激光脉冲发射器向目标物发射激光脉冲，反光镜旋转，发射出的激光脉冲扫过被测目标，信号接收器接收来自目标体发射回来的激光脉冲，通过每个激光脉冲从发出到被测物表面返回仪器所经过的时间可以获得被测目标体到扫描中心的距离，同时扫描控制模块和测量每个激光脉冲的水平扫描角 α 和竖向扫描角 β，然后处理软件自动解算得出被测点的相对三维坐标，进而转换成绝对坐标系中的三维空间位置坐标或三维模型。

（三）三维激光扫描测绘工作流程

1. 前期准备

准备工作主要包括：传统建筑已有资料的收集、现场踏勘、技术方案设计与优化、仪器设备准备及检查等。

作业前对扫描仪器进行检查，确认仪器有效，各部件及附件齐全、匹配、连接稳固，扫描仪器基座对中整平功能正常，每台扫描仪器配备的电池数量充足，满足作业需求。

2. 数据采集

采用三维激光扫描仪获取传统建筑的空间数据，应在实际测量中根据应用成果需求，结合现场情况合理布设站点、标靶，选择测量精度和覆盖范围。对数据采集人员、站点位置、仪器关键参数等进行现场记录。

对传统建筑可采用自由设站的方式进行建筑物外立面三维激光扫描。自由设站扫描，是一种无需依据控制点，自由选择测站获取目标物完整点云信息的扫描方式。扫描站点应选择视野开阔、角度合适的位置，为了确保不同站点的点云数据进行无缝拼接，扫描时保证相邻扫描站点的

图 7-6 三维激光扫描工作照

点云重叠度在 30% 以上（图 7-7）。

　　对传统建筑物结构复杂的内部的扫描过程中可适当增加扫描站点，确保能够获取建筑物完整的三维点云数据。

　　在传统建筑物场景比较复杂以及站式扫描仪三脚架摆放不便的情况下，可以使用手持式激光扫描仪。

　　3. 数据预处理

　　数据预处理工作主要包括点云拼接和去噪。

　　先将外业扫描获取的原始点云数据拷贝到高性能工作站里，导入数据处理软件。使用数据处理软件的点云拼接功能，将不同测量站的点云数据进行拼接。每一次拼接需要根据检查两站重叠点云数据的吻合程度，确认不同测站的点云是否无缝拼接，如果存在平移或者旋转，需要增加公共点进行重新拼接，直至不同测站点云无缝拼接完成后，即可得到建筑物完整的点云数据。

　　4. 图像绘制

　　图像绘制工作主要包括：平、立、剖面图绘制，尺寸标注，符号填充，结构展开面及图纸整饰。

图 7-7 三维激光扫描点云

图纸绘制。将具有建筑物尺寸信息的点云数据导入 CAD 绘图软件，根据特征点绘制建筑物的立面图图纸。

尺寸标注。对图上较为重要的长度信息，如总长、总宽、总高等进行标注。标注以"mm"为单位。

符号填充。为了从图上区分不同的建筑部位，应该采用统一的符号对其进行填充。

图纸整饰。根据设计要求的目标数据，以整体建筑为单位，对各展开面数据进行整饰，形成最终成果。

5.三维建模

可以利用三维激光扫描仪配套软件自带的模型库对传统建筑快速建模，也可以通过其他第三方软件对传统建筑逆向建模，再通过纹理映射进行贴图。

（四）三维激光扫描测绘技术与传统测绘技术的成果区别

传统的建筑测绘方法获得的是"图样"；近景摄影测量的最终成果是建筑物平面图、截面图、立面图等。这两种测绘技术获得的均是反映建筑物信息的二维平面图纸。而三维激光扫描测绘技术获得的数据则是建筑物的三维空间模型，模型中包含了建筑所有结构、细节乃至材质等多种信息。

使用三维激光扫描技术进行测量、建档、修复等传统建筑数字化测绘工作，可以全面准确地反应传统建筑物的当前情况，将建筑物的比例、结构精准地反馈出来，为中国传统地域建筑的保护和修缮提供有力的技术支持。

第三节 ┊ 海南民居建筑的传承与创新

一、民居建筑的文化传承与营造创新

在城市化进程不断加快的今天，建筑多数都以空间发展为主，而这种节省土地面积的高楼在建筑风格上往往都缺乏特点。而当下的城市化进程，过分注重发展的速度，而忽略了城市建设当中本土特色文化的融入，使得当下我国的大城市没有形成自身独特的城市气质。因为高楼各个城市都可以模仿，地标建筑亦是如此。研究地域民居建筑文化，对其进行传承和创新，对于更好地建设有特色的城市而言具有重要的意义。

（一）地域民居建筑文化传承与保护

民居建筑文化实质上是这个地域劳动人民对长期生活认识的沉淀。地理条件差异使得各地建筑风格也有很大的差异。因此，在长期的发展中，建筑不断传承和改良，以更加适应自然环境，地域民居的建筑风格更加明显。西北的窑洞、内蒙的蒙古包、东北的炕头等都是劳动人民在生活当中汲取经验创造出来的，使得建筑拥有了地域特色。也正是因为不同地域民居建筑风格的多样化，才使得建筑能够拥有更多鲜明的风格，从而使人能够根据建筑风格快速地判断出地域的特点。建筑不仅仅

是时代的镜子，更是记录历史发展的影像，透过建筑可以对过去的历史进行有效的推测，从而为现代城市建设提供更多有价值的参考信息。对于地域民居建筑文化，不仅仅要进行传承与保护，更要进行完善和创新，这样才能够保证地域民居建筑文化在改良的道路上实现自身更好的发展。

在全面规划城市过程当中，对于区域功能划分和价值发挥应进行良好的把握和平衡，这样才能够保证其不仅与传统地域民居建筑能够达到一致性，而且使传统建筑文化在传承的同时也能够被更好开发利用，价值得到更好发挥，而这实质上也是得到更好保护的体现。在对于地域民居建筑文化进行保护时，必须要坚持因地制宜的原则。在开发利用过程当中，对于传统的地域民居建筑要进行保护，对于现代化建设的民居可以采用适当的仿古建造手法，从而使得现代民居的地域文化风格同传统保护区域内的地域民居建筑遗存能够协调一致地发展，这样对于整个城市的文化建设都有较强的推动和促进作用。而要想从长远促进地域民居建筑文化的传承，还需

要通过融合地域文化、优化现代化的建筑风格来实现。在地域文化基础上发展的民居建筑也必然能够助力文化城市打造，在对外宣传上能够更好地突显城市特色。

（二）地域民居建筑文化发展局限因素

1.建筑材料的局限性

在我国的地域民居建设当中，受到历史发展的因素制约，当时的生产水平使得民居在建筑材料的选择上有一定局限性。传统民居建设主要依靠天然木材（图7-8）、黏土或者砖石。这些材料在长时间的使用过程当中，历经长久的风吹、日照、雨淋，都会出现一定程度的损毁，因此如果不能够进行有效的维护和修缮，现存传统民居的数量会逐步减少，传统民居的减少也必然会导致地域民居建筑文化的没落。值得注意的是，如果无法将地域民居的建筑有效地同现代建筑相结合，不能满足现代建筑多变的空间组合与高层建筑的需求，会在很大程度上制约地域民居文化的传承和发展。

2.传统施工技术的消失

当前多数建筑以钢筋水泥代替了传统的材料与作业方式，使得许多传统的施工技术逐渐失传。通过对于海南地域民居的实地走访调查发现，建筑风格的改变，使得越来越多的传统技艺被忽视，导致当下很多传统的施工技术在逐步失传，老一辈的技术工人越来越少。传统的施工工艺面临青黄不接的窘境，造成了施工技艺断层的尴尬局面。

图7-8　胡氏宗祠木雕

3.建造成本的差异

现代化建筑的建造成本在不断降低，而且在建筑工艺、建筑用料上也进行了全面的优化。但是在传统民居建筑当中，可替代的材料不多，而且施工工艺和流程也更加繁琐，导致传统民居的建造成本更高。据计算，同体量的传统民居的建造过程所产生的成本费用要比现代化建筑多出20%~50%。在建造成本增加的同时，工艺却更加繁琐，这样也意味着传统建筑后期的维护和修缮需要投入更多的成本。过高的成本投入导致在当代的民居建设当中，实现传统文化融合的门槛过高。这些不利因素的制约使得传统民居建设的推广与发展日趋缓慢。为了适应现代社会发展，为了传统民居文化的传承与发展，传统建筑体系改革势在必行。因此，找到适合传统地域民居建筑同现代化设计融合的道路，是保障传统建筑文化传承和创新改革的一个有效途径。

（三）地域民居建筑文化创新

越来越多的建筑师通过对地域文化的发掘创作出具有独特地域特色的现代民居。例如，北京东城区焕新胡同 21 号是一座东西两跨的三进四合院，通过提取老北京四合院的文化精髓并与现代科技结合，运用现代生活空间功能及布局的改造、局部加建扩建、建筑设备的改进等技术，向我们展示了传统与现代的碰撞所产生的魅力。海南民居建筑文化在未来社会发展中需要将原有传统民居建筑文化与现代艺术设计结合，从而创造出个性化、人文化的全新设计符号。只有植根于文化创新上的建筑，才是有灵气的建筑，才能使得海南民居建筑的特色能够得到更好地保留和放大。

二、探寻海南传统人居美学，建设海南现代人文美丽乡村

传统民居深谙道家哲学，崇尚自然。人类生活在远离荒野荒颓的地方，为了保护自己不受自然风吹日晒，他们盖起房间和房屋，筑墙围院，在墙上开窗展示窗外的景色，欣赏大自然的野趣。人与自然的距离产生美，美是通过居住来实现的。这种内在精神的美，不仅体现在温暖的艺术视野中，更体现在传统民居的整体环境中。

（一）海南传统人居环境的哲学之美

1. 辨物居方

海南岛气候呈现南暖北冷、东湿西干的差异，造就了岛内四隅气候和环境资源的丰富多样。发源于岛中部山区的河流呈放射状蜿蜒入海，开辟了沿海进入内部山地的水路交通走廊。沿河地区平缓的阶地地形、充足的水源和丰富的生物资源，形成了适宜生存的聚居走廊。

2. 和谐相生

从整体上看，海南岛广大的乡村民居景观充满和谐的朴素之美。民居的意义不是炫耀，景观的作用不是凸显，而是提供一种安静舒适的空间。海南黎族聚居的地区包括五指山、鹦哥岭、黎母岭、霸王岭、雅加大岭等山区地带，居住在群峰山脉之间。早期的传统黎族村落有以"山—水—田—林—村"为特征的整体聚落景观空间格局。对于传统村落而言，外部形态会增强人们对村落集体身份的辨识，边界景观是村落形态识别的主要因素，黎族村落注重人居空间环境与大地和谐相生的关系，空间上呈现出古朴轻巧、空灵通透之感，参差错落、虚实相间之势。

（二）海南传统人居环境的艺术之美

1. 自然之美

海南的热带地理自然环境孕育了琼北火山石民居形式，"天然雕刻"形成浑然一体的景观层次渐变。在民居空间的灵活组合和划分上，充分展现因地制宜，并与庭院绿化相结合，营造出优美的环境。或依山傍水，高低错落；或独处，古朴开阔；或小院碧绿，静谧安详。丰富的空间变化和整体的空间意境使琼北火山石民居总是给人以强烈而鲜明的艺术感。与自然环境的完美结合，散发出浓郁的乡土气

图 7-9　海南琼北地区火山石民居的自然之美

息，充分体现了海南民居和乡村的自然美学（图 7-9）。

2. 形式之美

海南传统民居有统一的、和谐的、充满变化的表现形式与内容之美。在同一个村庄里，个体与村庄是和谐统一的，但绝不是一成不变的，整体呈现出跌宕起伏、有虚有实的情趣和意境。村落屋顶错落有致的落石，屋顶与墙面的色彩对比，门窗跳跃式的间距安排，都让人感受到音乐优美的节奏和韵律。通过个体变化与自然诗

意的结合，整个村庄呈现出一个统一的整体，形成了美丽的有机图景（图 7-10）。

3. 装饰之美

在我国传统民居中，装饰是建筑实体的附加美。在细部处理、建筑色彩、建筑符号等方面运用简洁的手法，达到丰富的艺术效果。海南民居装饰艺术适当选用中国传统绘画、色彩、图案、书法、匾额、楹联等艺术形式，灵活运用各种艺术手段，使建筑品格与美感协调统一。

在造型装饰方面，海南传统民居建

图 7-10 海南传统民居独具特色又统一和谐的形式之美

筑景观非常注重上层轮廓线的变化。例如海南琼北民居代表之一的南洋风格民居形式独具装饰美感（图 7-11）。受南洋风格与中国传统文化的共同影响，装饰是南洋风格传统民居的主要特点，民居的室内外装饰中，出了沿用传统民居中的一些装饰手法，如内外八字带、脊饰、公阁木雕装饰、门饰等，还能够看到许多新颖别致的异域风情装饰元素，如各种拱券、券顶石、具有西方风情的柱廊、柱式、山花、百叶、脚线等。还有阳台预制镂空花式栏板、预制琉璃宝瓶、彩色印花玻璃等。

在色彩装饰方面，汉族民居大面积使用的鲜艳色彩较少，多为原材料的原色或浅色。琼北民居多以粉墙为基调，灰黑色瓦屋顶，贝壳色梁、栏杆，交通浅褐色或

木纹自然色装饰，白墙灰门窗，形成纯净亮丽的色彩。

（三）海南传统人居环境的地方风情之美

从社会文化环境的角度看，中国传统民居在空间和形式上体现了不同民居的个性和审美特征。比如北方民居朴实、实用、朴素，让人联想到北方人粗犷、淳朴的性格；南方民居造型多样，空间巧妙，色彩典雅，表现出南方人恬静、灵活、细腻的性格。

海南不同地区在建筑群组合、庭院布局、平面空间处理、外观造型等方面有着独特的风格，充分体现了丰富多彩的地域建筑艺术和人文风情。海南文化是在土著黎族文化本底基础上，经过很长的历史时

图 7-11　海南琼北南洋风格民居

期的汉文化及苗、回等民族文化，以及近现代以来的华侨文化、西方文化等多种文化先后以不同的传播类型、传播方式长期影响，并经相互碰撞融合，在海南这一地域环境下整合生成的一种具有独特个性的多元文化，使这里的建筑也别具风情（图7-12）。

（四）海南传统人居环境的大拙质朴的实用之美

　　海南传统民居的空间、结构和构件大多是出于实用设计的，但也具有丰富的艺术价值。放眼中国传统民居，智慧的先民们就懂得如何将自己的房屋与居住环境营

建的既美观又实用，例如江浙皖水乡的特色标志——马头墙，实际上是作为防火隔离带使用的，墙顶的绿色瓷砖是用来修缮屋顶的。

　　海南地区的民居建筑深受热带地区自然环境影响。例如在多极端恶劣的风雨天气、生物侵害（热带地区多虫蛇侵扰）等自然环境条件下，海南黎族船形屋（图7-13）主要利用原材料建设住宅的基本形态，不加改变，达到简约自然的感觉。在"天然大温室"的海南岛，绿树如茵、鲜花灿烂，在这其中穿插着用风干植物建造的建筑给生机盎然的绿意中增添风采。民

图 7-12　独具海南地方风情之美——海南槟榔谷黎苗文化旅游区

图7-13　海南船形屋既实用又体现出不同材料的原始肌理美

居营造的小环境景观不仅改善了环境，调节了小气候，而且具有很强的实用性。

（五）传承创新，建设海南现代人文美丽乡村

目前美丽乡村建设中，特别是在乡土景观深层意义的创作方面，存在着景观意义的缺失、景观意义的品位低下、景观符号与表征方式的生疏、景观载体的形式品位低下等问题。这些问题严重影响着当代乡村景观创作、审美与教育。当代海南城乡景观设计应该追求更深层次的意蕴美。

基于"美丽乡村"的新型人居环境营造思想的指引下，如今的海南城乡景观环境的设计建设，应强调文化向度，将热带海岛文化、村落文化、农耕文化、生态文化的审美融合，掌握海南传统文化与现代设计深度结合的城乡景观设计原理与技术，传承海南民间工艺美术等文化基因，有效地渗透到美丽乡村规划设计中。同时注重海南地域乡村自然景观与特色人文景观资源的保护和开发，挖掘海南传统村落文化空间中特有的"村"韵"野"味，在现代海南城乡景观设计中追求更深层次的人文意蕴。

思考与实训

认真体会海南民居建筑风格的内涵，并分别设计海南新合院、新金字屋、新南洋骑楼三种类型的民居建筑方案。

参考文献
REFERENCES

［1］许劭艺，等.海南民间工艺美术概况［M］.长沙：湖南大学出版社，2021.

［2］许劭艺，等.海南城乡景观设计［M］.长沙：湖南大学出版社，2021.

［3］邢植朝，詹贤武.海南民俗［M］.兰州：甘肃人民出版社，2004.

［4］孙建君.中国民间美术［M］.上海：上海画报出版社，2006.

［5］何滢，王兴业，江哲丰.中国民间美术教程［M］.北京：海洋出版社，2014.

［6］高阳.中国传统装饰与现代设计［M］.福州：福建美术出版社，2005.

［7］胡飞.中国传统设计思维方式探索［M］.北京：中国建筑工业出版社，2007.

［8］香便文.海南纪行［M］.辛世彪，译注.桂林：漓江出版社，2012.

［9］萨维纳.海南岛志［M］.辛世彪，译注.桂林：漓江出版社，2012.

［10］朱良文.传统民居价值与传承［M］.北京：中国建筑工业出版社，2011.

［11］海口市博物馆.海口市博物馆藏品精粹［M］.海口：南方出版社，2016.

［12］刘定邦.传统木雕艺术赏析［M］.海口：海南出版社，2008.

［13］王海霞.中外传统民间艺术探源［M］.西安：太白文艺出版社，2005.

［14］吴秀梅.传统手工艺文化研究［M］.北京：光明日报出版社，2013.

［15］《中国传统建筑解析与传承·海南卷》编委会.中国传统建筑解析与传承·海南卷［M］.北京：中国建筑工业出版社，2019.

［16］李菁，胡介中，林子易，等.广东海南古建筑地图［M］.北京：清华大学出版社，2015.

［17］陆琦.广东民居［M］.北京：中国建筑工业出版社，2010.

［18］陆琦.海南香港澳门古建筑［M］.北京：中国建筑工业出版社，2015.

［19］柳宗悦.工艺之道［M］.桂林：广西师范大学出版社，2011.

［20］唐壮鹏.传统民居建筑与装饰［M］.长沙：中南大学出版社，2014.

［21］刘甦.传统民居与地域文化：中国民居学术会议论文集［M］.济南：中国水利水电
　　出版社，2010.

［22］阎根齐.海南古代建筑研究［M］.海口：海南出版社，2008.

［23］阎根齐.海南建筑发展史［M］.北京：海洋出版社，2019.

［24］林广臻.海南历史建筑［M］.北京：中国建筑工业出版社，2018.

［25］海南省民族学会.海南苗族传统文化［M］.北京：民族出版社，2021.

［26］中华人民共和国住房和城乡建设部.中国传统民居类型全集［M］.北京：中国建筑
　　工业出版社，2014.

［27］海南省勘察设计协会.海南民族传统建筑实录［M］.海口：南海出版社，1999.

［28］傅熹年.中国古代建筑概说［M］.北京：北京出版社，2016.

后 记
POSTSCRIPT

海南岛与祖国大陆虽然有琼州海峡的天然阻隔，但海南岛上的居民在不同的历史时期移民而来，同时也带来了原居住地的风俗习惯和文化特点，后又对海南岛热带气候环境逐渐适应，创造出独具特色的民居建筑个性，并呈现出多元的建筑风格。海南民居建筑的个性，是中华民族建筑历史上的宝贵财富，是一种极富艺术活力、极有地域与文化特色、处处体现中原文化之根脉的个性。

本书作为"海南民间工艺美术传承与创新丛书"的研究成果之一，其目的主要有两个：一是调查总结出海南民居建筑的历史、文化、艺术和科学价值，对传统民居进行全面分析；二是传承和发扬海南多元建筑风格，建设美丽乡村，助力乡村振兴和自贸港建设。本书按海南民居分布的琼南、琼北、琼西南、琼中南四个地域，从疍家渔排、崖州合院、火山石民居、多进合院、南洋风格民居、南洋风格骑楼、儋州客家围屋、军屯民居、船形屋、金字屋民居实例，对其选址、布局、形制、装饰、工艺和风格进行探讨，并对其一些重要形制、装饰也进行深度的数据采集分析，通过对比研究，找出差异个性，探寻海南民居建筑中蕴含的建筑技艺、风格和审美意象，为新农村建设中传承与创新海南传统民居建筑，提供借鉴和参考。但愿本书的出版能使大部分的读者得到"海南民居建筑是我们得天独厚的乡土情怀和一方水土的心灵智慧，是永不过时的文化艺术资源和启迪设计创新的思想凭借"的共识！

本书在编撰过程中从许多专家发表、出版的论文及著作中受益匪浅。在书稿编写过程中，吉家文、马红、张坚、周俊、王彩英、梁晓亮、何启飞、吴丽敏、云芸、李凌越、黄荣等承担了大量的编务工作。同时，对海南劻艺设计工程和海南金鸽广告有限公司等企业的帮助，海南省文化艺术职业教学指导委员会的指导，湖南大学出版社的支持，海南经贸职业技术学院给予的研究实践条件，在此一并致谢！

党 生

2022 年 2 月

海口侯家大院考察调研

大丰老街火山石墙考察调研

调研团队与谢氏夫妇在路门前合影

韩家宅考察调研

作者在考察调研中

松树大屋考察调研

海南琼北民居色彩装饰手法——灰塑工艺考察调研